NITE 国家软件与集成电路公共服务平台信息技术紧缺人才培养工程指定教材

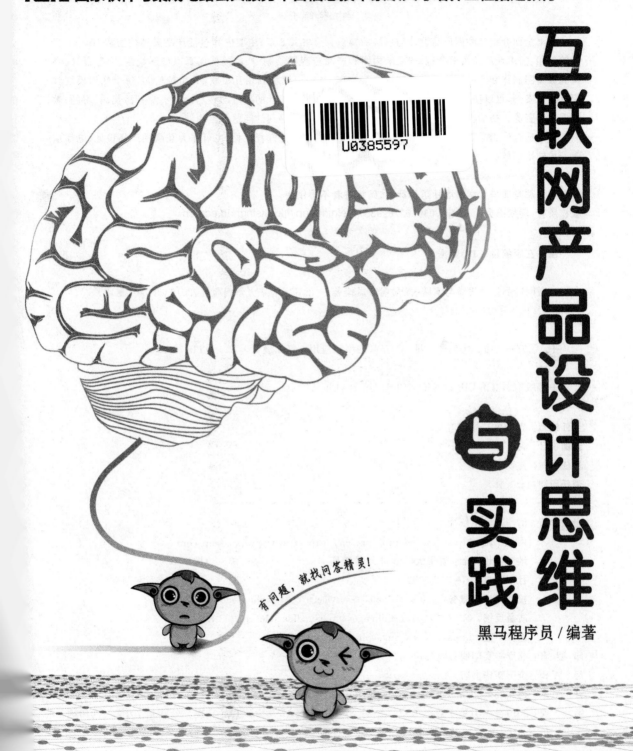

互联网产品设计思维与实践

有问题，就找问答精灵！

黑马程序员 / 编著

清华大学出版社

北　京

内 容 简 介

本书全面介绍互联网产品设计与思维的知识。全书共 8 章,主要内容包括产品设计的流程、Axure 工具的使用、需求获取及需求分析、产品结构图和产品流程图绘制、产品的低保真原型图绘制、交互设计、高保真原型图制作和产品迭代。本书知识覆盖面广,各知识模块既相互关联,又相对独立,每个知识模块都配有项目案例,可以使产品设计人员快速、全面地掌握产品设计的思维与技巧。本书配有源代码、习题、教学课件等资源。初学者还可以通过在线答疑来解决学习中遇到的问题。

本书适合作为高等院校相关专业的互联网产品交互设计课程教材,也可作为互联网产品设计、电商从业人员的培训教材。

图书在版编目(CIP)数据

互联网产品设计思维与实践/黑马程序员编著.—北京:清华大学出版社,2019(2024.7重印)
ISBN 978-7-302-53433-4

Ⅰ.①互… Ⅱ.①黑… Ⅲ.①互联网络-应用-产品设计 Ⅳ.①TB472-39

中国版本图书馆 CIP 数据核字(2019)第 166169 号

责任编辑:袁勤勇 战晓雷
封面设计:韩 冬
责任校对:焦丽丽
责任印制:宋 林

出版发行:清华大学出版社
      网 址:https://www.tup.com.cn,https://www.wqxuetang.com
      地 址:北京清华大学学研大厦 A 座   邮 编:100084
      社 总 机:010-83470000   邮 购:010-62786544
      投稿与读者服务:010-62776969,c-service@tup.tsinghua.edu.cn
      质量反馈:010-62772015,zhiliang@tup.tsinghua.edu.cn
      课件下载:https://www.tup.com.cn,010-83470236
印 装 者:北京嘉实印刷有限公司
经 销:全国新华书店
开 本:185mm×260mm   印 张:13   字 数:315 千字
版 次:2019 年 9 月第 1 版   印 次:2024 年 7 月第 12 次印刷
定 价:39.00 元

产品编号:077952-01

序 言

江苏传智播客教育科技股份有限公司(简称传智播客)是一家致力于培养高素质软件开发人才的科技公司,"黑马程序员"是传智播客旗下高端 IT 教育品牌。

"黑马程序员"的学员多为大学毕业后,想从事 IT 行业,但各方面条件还不成熟的年轻人。"黑马程序员"的学员筛选制度非常严格,包括了严格的技术测试、自学能力测试,还包括性格测试、压力测试、品德测试等。百里挑一的残酷筛选制度确保学员质量,并降低企业的用人风险。

自"黑马程序员"成立以来,教学研发团队一直致力于打造精品课程资源,不断在产、学、研三个层面创新自己的执教理念与教学方针,并集中"黑马程序员"的优势力量,有针对性地出版了计算机系列教材 80 多种,制作教学视频数十套,发表各类技术文章数百篇。

"黑马程序员"不仅斥资研发 IT 系列教材,还为高校师生提供以下配套学习资源与服务。

为大学生提供的配套服务

1. 请登录"高校学习平台"http://yx.ityxb.com,免费获取海量学习资源,帮助高校学生解决学习问题。

2. 针对高校学生在学习过程中存在的压力等问题,我们还面向大学生量身打造了"IT技术女神"——"播妞学姐",可提供教材配套源码和习题答案,以及更多 IT 学习资源,同学们快来关注"播妞学姐"的微信公众号:boniu1024。

"播妞学姐"微信公众号

为教师提供的配套服务

针对高校教学,"黑马程序员"为 IT 系列教材精心设计了"教案＋授课资源＋考试系统

＋题库＋教学辅助案例"的系列教学资源,高校老师请登录"高校教辅平台"http://yx.
ityxb.com 或关注码大牛老师微信/QQ:2011168841,获取教材配套资源,也可以扫描下方
二维码,加入专为 IT 教师打造的师资服务平台——"教学好助手",获取最新教师教学辅助
资源的相关动态。

前　言

随着移动互联技术的飞速发展，"互联网＋"时代已经悄然到来，越来越多的企业投入互联网的浪潮中，互联网产品的种类也琳琅满目——淘宝、微信、支付宝、爱奇艺……互联网产品在给人们带来便利的同时，也在改变着人们的生活方式。在工作中，与互联网产品相关的岗位种类繁多——产品经理、交互设计、UI设计……面对如此热门的行业需求，许多其他行业的从业者也纷纷加入到互联网产品的队伍中。

为什么要学习本书

虽然市面上有很多关于互联网产品的书籍，但大多偏重理论，对于零基础或者基础偏弱的产品从业者来说，学完这些理论后仍然是一头雾水。本书通过理论和项目实践相结合的方法，帮助想从事互联网产品工作的人从入门到实践，真正摸透这个行业！

如何使用本书

本书针对互联网产品设计和交互领域的从业人员，以理论＋案例的形式组织知识点。本书以互联网产品的实现流程为主线，详细讲解了产品基础、产品设计工具、需求、产品规划、产品原型、交互设计、产品迭代等知识，同时以一个互联网产品综合项目贯穿全书，力求让不同层次的读者都能全面、系统、快速地掌握产品设计的相关知识，真正具备设计互联网产品的实战能力。

本书分为8章，其中第1章介绍互联网产品基础知识，第2章介绍Axure工具的使用，第3~7章介绍产品的实现，第8章介绍产品迭代。各章的主要内容如下。

- 第1章介绍互联网产品的相关知识，包括什么是互联网产品、互联网产品经理的工作内容、常用的互联网产品设计工具以及互联网产品设计流程等。
- 第2章介绍Axure工具的使用方法。
- 第3章介绍产品立项前的知识，包括需求获取、需求分析、需求文档等。
- 第4章介绍产品规划，包括产品结构图和产品业务流程图。
- 第5章介绍低保真原型图设计和产品需求文档，包括低保真原型图绘制规范、绘制方法和产品需求文档撰写方法。
- 第6章介绍交互设计，包括交互设计概述、Axure交互设计基础等。
- 第7章介绍设计常识和产品高保真原型图制作。
- 第8章介绍产品迭代，包括产品迭代流程、网站结构等。

本书以综合项目贯穿全书，语言通俗易懂，内容丰富，知识涵盖面广，非常适合互联网产品设计的初学者、互联网产品经理以及互联网产品设计爱好者阅读，也可作为大学选修课教材。

意见反馈

　　本书的编写工作由传智播客教育科技股份有限公司黑马程序员团队完成,主要参与人员有吕春林、王哲、孟方思等,本团队全体人员在接近一年的编写过程中付出了辛勤的劳动。

　　尽管我们尽了最大的努力,本书中仍然难免有不妥之处,欢迎各界专家和读者朋友提出宝贵意见,我们将不胜感激。您可以通过电子邮件与我们取得联系。我们的电子邮件是itcast_book@vip.sina.com。

黑马程序员

2019 年 6 月于北京

目　录

第1章　认识互联网产品 ……………………………… 1

1.1　产品概述 ……………………………………… 1
  1.1.1　什么是产品 ……………………………… 1
  1.1.2　互联网产品 ……………………………… 3
  1.1.3　互联网产品的分类 ……………………… 4
1.2　产品经理 ……………………………………… 5
1.3　互联网产品经理的工作内容 ………………… 7
  1.3.1　图形产出 ………………………………… 7
  1.3.2　产品管理 ………………………………… 10
  1.3.3　沟通协调 ………………………………… 11
1.4　产品设计行业术语 …………………………… 11
1.5　产品工具 ……………………………………… 13
  1.5.1　Axure RP ……………………………… 13
  1.5.2　XMind …………………………………… 14
  1.5.3　Visio ……………………………………… 14
1.6　互联网产品的设计流程 ……………………… 16
  1.6.1　产品构想 ………………………………… 16
  1.6.2　产品需求分析和论证 …………………… 17
  1.6.3　产品设计 ………………………………… 18
  1.6.4　开发和测试 ……………………………… 19
  1.6.5　产品上线、运营和迭代 ……………… 20
  阶段案例：洗刷刷 App 产品设计流程 … 21

第2章　Axure 工具基本操作 ………………… 23

2.1　软件基础 ……………………………………… 23
2.2　Axure 工作界面介绍 ………………………… 24
2.3　常用元件 ……………………………………… 28
  2.3.1　Default 元件库 ………………………… 28
  2.3.2　Flow 元件库 …………………………… 30
  2.3.3　Icons 元件库 …………………………… 31

　　2.4　Axure 的基本用法 ·· 31

　　　　2.4.1　Axure 的基本操作 ·· 31

　　　　2.4.2　元件的基本操作 ··· 38

　　　　阶段案例：载入自定义元件库 ··· 48

　　　　2.4.3　母版的使用 ·· 50

第 3 章　需求 ·· 53

　　3.1　需求概述 ··· 53

　　　　3.1.1　什么是需求 ·· 53

　　　　3.1.2　需求的本质 ·· 54

　　3.2　需求获取 ··· 54

　　　　3.2.1　用户访谈 ·· 54

　　　　阶段案例：用户访谈记录表 ··· 56

　　　　3.2.2　调查问卷 ·· 57

　　　　阶段案例：如何设计调查问卷 ·· 58

　　　　3.2.3　在竞品分析中获取需求 ··· 59

　　　　阶段案例：如何编写竞品分析报告 ······································ 63

　　3.3　需求分析 ··· 64

　　3.4　需求梳理 ··· 65

　　　　3.4.1　需求筛选 ·· 65

　　　　3.4.2　产品可行性分析 ··· 66

　　3.5　商业需求文档 ·· 68

　　　　3.5.1　商业需求文档概述 ·· 68

　　　　3.5.2　商业需求文档的汇报对象 ··· 68

　　　　3.5.3　商业需求文档的用途 ··· 69

　　　　3.5.4　商业需求文档的内容 ··· 69

　　　　阶段案例：如何撰写商业需求文档 ······································ 70

　　3.6　市场需求文档 ·· 71

　　　　3.6.1　市场需求文档概述 ·· 71

　　　　3.6.2　市场需求文档的作用 ··· 71

　　　　3.6.3　常用的两大产品分析法 ··· 72

　　　　阶段案例：如何撰写市场需求文档 ······································ 73

第 4 章　产品规划 ·· 79

　　4.1　产品结构图 ·· 79

　　　　4.1.1　产品结构图简介 ··· 79

　　　　4.1.2　产品结构图制作软件——XMind ································· 81

　　　　阶段案例：产品结构图绘制 ··· 86

　　4.2　产品流程图 ·· 90

4.2.1 产品流程图简介 ……………………………… 90

4.2.2 业务流程图绘制 ……………………………… 92

阶段案例：业务流程图绘制 ……………………………… 96

第 5 章 低保真原型图设计和 PRD ……………………………… 104

5.1 低保真原型图绘制规范 ……………………………… 104

5.2 洗刷刷 App 低保真原型图制作与分析 ……………………………… 106

5.2.1 首页功能分析 ……………………………… 107

阶段案例：洗刷刷 App 首页低保真原型图制作 ……………………………… 108

5.2.2 积分商城功能分析 ……………………………… 113

5.2.3 登录/注册功能分析 ……………………………… 113

5.3 产品需求文档 ……………………………… 114

阶段案例：撰写产品需求文档 ……………………………… 115

第 6 章 交互设计 ……………………………… 117

6.1 认识交互设计 ……………………………… 117

6.1.1 什么是交互 ……………………………… 117

6.1.2 交互设计概述 ……………………………… 118

6.1.3 交互设计五要素 ……………………………… 118

6.1.4 交互设计原则 ……………………………… 119

6.1.5 页面提示语 ……………………………… 120

6.2 Axure 交互设计基础 ……………………………… 121

6.2.1 事件 ……………………………… 121

6.2.2 用例 ……………………………… 122

6.2.3 动作 ……………………………… 122

6.2.4 交互样式 ……………………………… 124

阶段案例：鼠标悬停、单击效果制作 ……………………………… 125

6.3 动态面板 ……………………………… 130

6.3.1 动态面板的创建方式 ……………………………… 130

6.3.2 动态面板的使用 ……………………………… 131

阶段案例：焦点图切换 ……………………………… 134

第 7 章 设计常识和产品高保真原型图 ……………………………… 144

7.1 设计常识 ……………………………… 144

7.1.1 设计构图 ……………………………… 144

7.1.2 设计色彩 ……………………………… 153

7.2 洗刷刷 App 高保真原型图制作 ……………………………… 159

7.2.1 界面设计 ……………………………… 159

7.2.2 切图 ……………………………… 160

　　　　7.2.3　移动设备参数和原型尺寸 ·· 162

　　　　7.2.4　创建原型模板 ·· 164

　　　　阶段案例：洗刷刷 App 高保真原型图模板 ······························· 165

　　　　7.2.5　高保真页面交互效果 ·· 167

　　　　阶段案例：首页高保真交互效果 ··· 168

　　　　阶段案例："积分商城"页面上下滑动效果 ······························· 177

　　　　7.2.6　在真实移动设备中预览高保真原型图 ······························ 179

　　　　阶段案例：在移动设备上预览洗刷刷 App 高保真原型图 ···················· 179

第 8 章　产品迭代 ··· 182

　8.1　产品迭代概述 ··· 182

　　　　8.1.1　什么是产品迭代 ·· 182

　　　　8.1.2　产品迭代流程 ·· 184

　8.2　网页结构和布局 ··· 186

　　　　阶段案例：洗刷刷 App 商城首页开发迭代 ······························· 189

第1章

认识互联网产品

学习目标

- 了解产品，能够区分实体产品和互联网产品的差异。
- 熟悉互联网产品经理的工作内容。
- 了解常用的互联网产品设计工具，知道各种工具的功能特点。
- 熟悉互联网产品的设计流程，知道各阶段的产出物。

在科技飞速发展的今天，互联网产品遍布于生活中的每个角落——支付账单、手机音乐、平台游戏、在线导航、有声小说等，各种各样的互联网产品给人们的生活带来巨大的变化。虽然人们每天都使用互联网产品，但是对于互联网产品的定义、设计流程却又知之甚少——什么是互联网产品？这些互联网产品又是由谁创造的？本章对互联网产品的基础知识做详细讲解。

1.1 产品概述

说起产品，其实大家并不陌生。人们每天都会用到很多产品，但是产品在大多数用户的心中却并没有一个具体的概念。"这个东西很好用！""这个东西用起来真费劲！"用户往往对产品只有模糊的使用感受，却并不知道产品是什么。本节将详细讲解产品的具体定义。

1.1.1 什么是产品

什么是产品？从字面意思来理解，产品就是生产出来的物品，例如汽车制造商制造的汽车、印刷厂制作的图书、银行机构发行的理财产品、软件公司开发的办公软件，如图 1-1 所示。

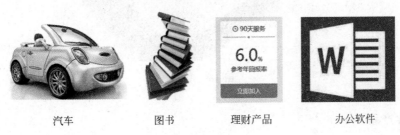

汽车　　　　图书　　　　理财产品　　　　办公软件

图 1-1　产品

上述物品都可以被称为产品。但是汽车、图书与理财产品、办公软件相比，前者是有形的,而后者是无形的。当然,它们也有共同点,即这些产品都能满足用户在某些层面的需求。例如,汽车可以满足用户"提高出行效率"的需求,理财产品可以满足用户"获取更多利益"的需求,办公软件能够满足用户"提高办公效率,节约企业成本"的需求。

可见,产品是指能够供给市场,被人们使用和消费,并能满足人们某种需求的任何东西,包括有形的物品、无形的服务、组织、观念或它们的组合。根据产品特性的不同,通常可以将产品分为 4 种类别——服务产品、软件产品、硬件产品和流程性材料,具体介绍如下。

1. 服务产品

服务产品通常是无形的,是为满足顾客的需求,供方(提供产品的组织和个人)和顾客(接受产品的组织和个人)之间在接触时的活动以及供方内部活动所产生的结果,并且是在供方和顾客接触时至少需要完成一项活动所产生的结果。例如,医疗、运输、咨询、旅游、教育等都是服务产品。图 1-2 所示的 58 速运就是运输类服务产品。

图 1-2 运输类服务产品——58 速运

2. 软件产品

软件产品由计算机和智能设备可读的数字信息组成,需要硬件平台或环境的支撑。软件产品通常是无形的,并以方法、记录或程序的形式存在,如计算机程序、信息记录等。图 1-3 所示的微信就是一款软件产品。

图 1-3 微信

3. 硬件产品

硬件产品通常是有形产品,可以作为软件产品的支撑平台和环境,如电视机、元器件、建筑物、机械零部件等。硬件产品具有可数的特性,往往用数量描述(例如几台电视机、几个零部件）。图 1-4 所示的智能电视机就是硬件产品,节目则属于软件产品。

智能电视机　　　　　　　　　　　　　　　　　节目

图 1-4　硬件产品和软件产品

4．流程性材料

流程性材料通常是有形产品,是将原材料转化成某一特定状态的有形产品,其状态可能是流体、气体、粒状、带状。例如润滑油、布匹,其数量具有连续、可计量的特性,往往用计量值描述。

值得一提的是,一种产品可以由多个不同类别的产品构成,产品类别的区分主要取决于其主导成分。例如,汽车是由硬件(如发动机)、流程性材料(如汽油)、软件(如行车记录仪软件)和服务(使用指南、保修等)组成的。

1.1.2　互联网产品

随着互联网的飞速发展,产品衍生出一个新的概念——互联网产品。互联网产品是从传统意义上的产品延伸而来的,指在互联网环境中运营,用于满足用户需求的无形产品。从某种意义上讲,互联网产品可以看作产品的子集,如图 1-5 所示。

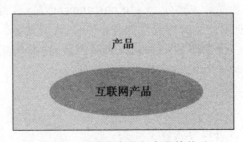

图 1-5　互联网产品和产品的关系

在互联网大环境中,互联网产品的常见形态有网站、客户端、App 等。例如,百度网站、新浪微博、腾讯 QQ 等都是人们熟知的互联网产品,如图 1-6～图 1-8 所示。

图 1-6　百度网站

图 1-7　新浪微博

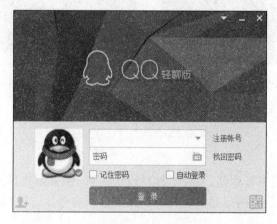

图 1-8　腾讯 QQ

1.1.3　互联网产品的分类

在互联网这个大环境中,面对用户越来越多的需求,互联网产品的种类也越来越丰富。互联网产品可以按照不同的维度和标准分类,具体介绍如下。

1. 按服务对象分类

互联网产品按服务对象可以分为以下两类:

(1) 面向个人用户的产品。也称作 2C(to customer)产品,这类产品往往更注重用户的体验(用户体验就是用户使用产品的感受),如腾讯 QQ、云课堂等。

(2) 面向企业的产品。也称作 2B(to business)产品,这类产品往往更注重产品的商业价值体现,如用友财务软件、企业邮箱等企业办公软件。

2. 按运行平台分类

互联网产品按运行平台可以分为以下 3 类:

(1) PC 端产品。PC(Personal Computer)指的是个人计算机。作为最初的互联网产品运行环境,PC 非常适合一些即时性较低但信息量大、功能操作复杂的产品,如视频编辑类、图形绘制类、企业服务类产品。

(2) 移动端产品。移动端指的是移动设备终端,一般是手机。移动端更好地利用了用户的碎片时间,让用户和互联网更紧密地结合在一起,符合现代用户的生活方式。常见的移动端产品有 App 软件、移动 Web 页面等。

(3) 其他智能终端产品。除了 PC 和移动设备终端外,还有包括 iWatch、车载导航在内的其他智能终端,但是目前针对这些智能终端的产品设计并非主流,这些产品主要通过与其他平台产品兼容或将其他平台产品功能简化的方式存在。

3．按用户需求分类

互联网产品按用户需求可以分为以下 5 类：

（1）交易类产品。主要是为满足各类交易行为线上化所衍生的互联网产品形态。交易类产品业务内容包括买卖实体商品、虚拟商品以及各类服务。例如，淘宝、京东、美团等都属于交易类产品，如图 1-9 所示。

图 1-9　交易类产品——淘宝、京东和美团

（2）社交类产品。主要是满足人们从社会生活中所衍生出的虚拟社交需求的互联网产品形态，包括社交、社区、社群等各类人与人之间信息交互的互联网产品。例如，腾讯 QQ、微信、人人网等都属于社交类产品，如图 1-10 所示。

  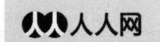

图 1-10　社交类产品——腾讯 QQ、微信和人人网

（3）内容类产品。主要为用户提供新闻、行业资讯、百科知识等内容。例如，搜狐、新浪等门户网站都属于内容类产品。

（4）工具类产品。主要解决用户在某种特定环境下的即时性需求，因而往往需求明确，产品逻辑比较简单。在工具类产品的用户群中，用户使用产品的目的性都很强。例如，墨迹天气、有道词典等都属于工具类产品，如图 1-11 所示。

图 1-11　工具类产品——墨迹天气和有道词典

（5）娱乐类产品。这类产品满足的用户需求往往是复杂而多方面的，因此这类产品衍生出了很多子类型，包括图片、音乐、视频、游戏、文学等。腾讯视频、网易游戏、小说中文网等都属于娱乐类产品。

1.2　产品经理

人们每天都在使用各式各样的产品，例如，使用水杯喝水，使用手机打电话，使用 QQ 聊天等，这些产品的创造者就是产品经理。随着互联网对人们工作、生活各方面的影响和渗透,互联网产品经理的地位也变得越来越重要。然而产品经理的概念是谁提出的?产品经理的发展经过哪些阶段?本节将详细介绍产品经理的起源和演变。

1. 产品经理的起源——品牌管理制度

产品经理的概念最早是由美国 P&G(宝洁)公司提出的。1927 年,宝洁公司研发并开始销售佳美牌香皂,尽管各个环节都非常努力,也投入了大量的广告费用,但销售业绩一直不理想。负责销售工作的麦克·爱尔洛埃向公司提出一种品牌一个经理的建议,品牌经理制度由此诞生。

随着宝洁公司进入中国市场,品牌经理制度也跟着进入,并且迅速被中国企业仿效。随着时间的推移和本土管理模式的融合,品牌经理在职责和名称定义上也发生了变化,最终被产品经理替代。

产品经理(Product Manager,PM)是企业中专门负责产品管理的职位。产品经理负责市场调查并根据用户的需求确定开发何种产品,选择何种技术、商业模式等,并推动相应产品的开发。同时产品经理还要根据产品的生命周期协调研发、营销、运营等,保证产品开发的顺利进行。产品经理职位的发展历程如表 1-1 所示。

表 1-1　产品经理职位的发展历程

时　　间	历　　程
1927 年	美国宝洁公司提出品牌经理制度,该制度被推广和运用,并取得成功
1996—2000 年	中国互联网领域(如网易、腾讯、搜狐等)诞生第一批产品经理
2003—2009 年	国内部分公司设立产品经理岗位,引入产品经理概念
2010 年	随着乔布斯的 iPhone 火爆全球,产品经理的概念开始在中国迅速传播、普及开来
2011 年至今	产品经理制度日渐成熟

通过表 1-1 所示的产品经理发展历程的时间节点可以看出,中国的产品经理概念是随着互联网时代的到来逐渐形成的,这也就注定了互联网产品经理和传统产品经理的差异。

2. 互联网产品经理

在互联网时代,用户需求和用户体验已经被越来越多的企业所重视,产品经理制度也在行业内传播开来。互联网时代的产品经理被赋予了新的职责和使命。表 1-1 列举了传统行业产品经理和互联网产品经理的差异。

表 1-2　传统行业产品经理和互联网产品经理的差异

比较的方面	传统行业产品经理	互联网产品经理
面对的行业形态	成熟行业	新兴行业
创造的产品	实体物品	虚拟物品
产品迭代周期	较长(几年甚至更长)	较短(几个月到一年)

通过表 1-1 可以看出,传统行业产品经理面对的行业形态较为成熟,产品已经基本定

型,因此需要渐进式创新。而互联网产品经理面对的是新兴的行业形态,因此产品需要推陈出新,先入为主地占领用户市场,主导用户习惯。

3.产品经理职级表

在互联网行业中,各个公司对产品经理职级的划分都不相同。在一些小的公司,产品经理的职级比较简单,一般分为产品助理、产品经理、产品总监;一些大公司往往对产品经理的职级有精细的划分。表 1-3 描述了互联网产品经理的职级。

表 1-3　互联网产品经理职级

级别	职 位	层次	具 备 能 力
P1	产品助理	学习层	入门学习
P2	产品专员	执行层	细分方向、专项
P3	产品专员		
P4	产品经理		独立完成某一方向的产品功能
P5	高级产品经理	管理层	独立完成某一方向的产品功能
P6	资深产品经理		
P7	产品总监	战略层	规划方向,指导并分配团队工作以推进研发
P8	高级产品总监		
P9	产品 VP(副总裁)		战略与决策

需要注意的是,各个公司对产品经理的级别和职位的划分不同。按照各个公司的不同要求,虽然有些职位的名称一样,所做的工作一样,但级别不一样。例如,在表 1-3 中,产品专员这一职位尽管有两个级别(P2 和 P3),但工作的主要内容是一致的。

1.3　互联网产品经理的工作内容

作为整个互联网产品生命线的创造者、组织者和管理者,互联网产品经理的工作看似琐碎繁杂,实则简单,概括起来主要包括图形产出、产品管理和沟通协调 3 部分。本节将从这 3 部分出发,详细介绍产品经理的工作内容。

1.3.1　图形产出

图形产出并不是指产品经理要亲自操刀设计界面,产品经理产出的图形主要有 3 种,分别是产品结构图、产品流程图和产品原型图,对它们的具体介绍如下。

1.产品结构图

产品结构图是综合展示产品功能和页面结构的图。简单来说,产品结构图就是产品原型的简化表达,产品具备哪些功能、有多少页面都可以通过产品结构图来表现。图 1-12 为洗刷刷 App"快速入口"部分的产品结构图。

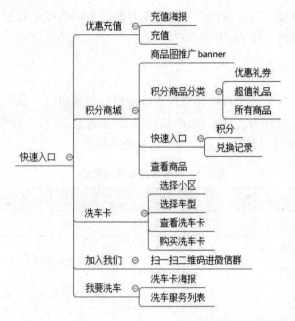

图 1-12 洗刷刷 App"快速入口"部分的产品结构图

产品结构图能够在产品设计前期的需求评审或其他类似场景中作为产品原型的替代。产品结构图相较于产品原型,其实现成本低,能够快速对产品功能结构进行增、删、改操作,降低在这个过程中的实现成本。常用的产品结构图绘制工具有 XMind、MindManager、百度脑图等。

2. 产品流程图

产品流程图是用特定图形符号描述产品流程的图。简单来说,产品流程图就是表示先做什么、后做什么的顺序图,包含开始、结束、行动、状态与判断的功能结构组合。图 1-13 为洗刷刷 App 的注册登录模块流程图。

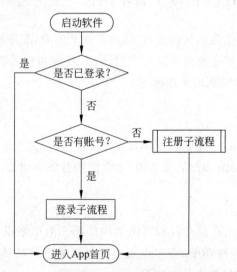

图 1-13 洗刷刷 App 的注册登录模块流程图

和产品结构图相比,产品流程图最大的优势是直观、细致,可以帮助产品经理梳理、完善用户的操作流程,降低团队成员之间的沟通成本。常用的产品流程图绘制工具有 Visio、ProcessOn、Axure 等。

3. 产品原型图

产品原型图是用来表达产品功能和内容的示意图,可以高度模拟真实产品。在互联网产品设计过程中,产品原型是产品设计阶段最重要的产出物之一,汇集了产品的主要功能,便于产品设计人员直观地认识和理解产品。产品原型图主要包括低保真和高保真两种,具体介绍如下。

1) 低保真原型图

低保真原型图也称线框图,是指用线框来表示功能,是几乎不做任何视觉效果渲染的产品原型图,通常为黑白色,其页面只是在布局、功能模块、信息架构等方面比较精细,不具备观赏性较好的视觉效果。图 1-14 为洗刷刷 App 标注版的低保真原型图。

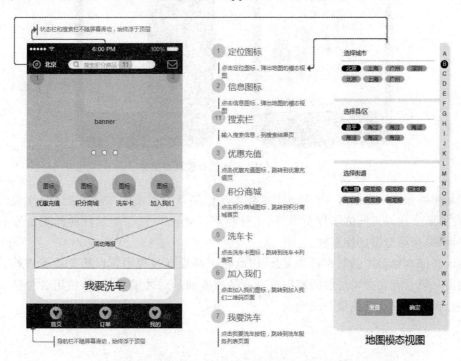

图 1-14　洗刷刷 App 标注版的低保真原型图

在制作低保真原型图时,不要考虑界面元素的形状、配色以及动画效果。通常在低保真原型图完成后,产品经理需要与交互设计师、UI 设计师、前端工程师、后端工程师以及测试人员一起召开设计需求评审会,根据评审结果,需要对低保真原型图进行多轮调整,直至大家达成一致结果,再进行后面的工作。值得一提的是,在设计低保真原型图时,一些特殊状态与错误提示都标示在低保真原型设计稿中,例如图 1-14 中的地图模态视图。

在实际工作中,低保真原型图使用者包括需求提出人、UI 设计师、开发工程师和测试工程师等。

2）高保真原型图

高保真原型图与最终的产品效果非常接近,除了没有真实的后台数据支撑外,几乎可以模拟前端界面的所有功能,完全是一个高仿版的产品。通常也把高保真原型叫作产品视觉稿。产品设计者可以为高保真原型图添加页面跳转效果与简单的交互效果,模拟真实产品的使用场景。图 1-15 为洗刷刷 App 的高保真原型图。

图 1-15   洗刷刷 App 的高保真原型图

在制作高保真原型图时,产品设计者需要在低保真原型图的基础上配合 UI 设计的效果图,在界面中插入真实的图片及图标,充分利用 Axure 中每一类元件的样式及专有的交互属性,以提高原型图的保真度。

由于高保真原型图的制作较为复杂,因此在产品设计过程中可以简化或者省略。高保真原型图一般只有在公司层面的汇报或者产品商务演示时才需要用到,使用者包括高层领导、老板、投资人以及其他重要决策人。

1.3.2　产品管理

产品管理是指在产品实现过程中对各阶段产品目标的监管和控制,其目的是保证产品的顺利实现。由于产品实现是一个复杂的过程,涉及对市场的认识、对产品技术的了解、对企业资源的调配等各个方面。如果在产品实现过程中缺乏相应的管理,就很难达到预期的目标。在实际工作中,产品经理的管理工作主要体现在两方面——需求管理和项目管理,具体介绍如下。

1. 需求管理

需求管理就是调研用户需求,将用户需求转化为产品需求,并保证产品需求功能得以实现的过程,包括需求的收集、分析筛选、需求实现等(关于"需求"将会在第 3 章详细讲解,这里了解即可)。产品经理会在这一阶段评估需求的可行性、优先级和需求负责人。

2．项目管理

项目管理是指在项目实现过程中运用知识、技能、工具、方法,使项目能够在有限的资源条件下实现项目目标。在项目管理过程中,产品经理往往会和项目经理配合。前者主要从宏观层面规划整个产品的架构和发展路线,保证产品的生命周期、市场利润;后者更注重的是产品项目的实现过程的控制力和执行力,保证项目目标的顺利实现。

1.3.3　沟通协调

沟通和协调是产品经理又一项重要的工作内容。在产品的实现过程中,需要各个部门的相互配合。产品经理虽然不能直接领导其他部门,但经常需要协调各部门的工作,因此产品经理的沟通和协调能力就显得尤为重要。

1．沟通

良好的沟通是贯彻、落实、完成项目的必要条件,能够让产品经理的想法及时、准确地上传和下达,避免他人的主观臆断,为产品的实现创造安全、顺畅的环境。如何有效地传达想法就是产品经理沟通能力的体现。例如,产品经理可以将一些专业术语或内容通过举例或图形化的方式展示给非技术部门。一个优秀的产品经理一定是一个高效的沟通者。

2．协调

产品的实现需要各个部门(如设计、研发、运营、测试等)的相互配合,如图 1-16 所示。如何协调各部门之间的工作,保证产品按照既定的目标顺利进行,是产品经理工作能力的另一体现。产品经理的协调工作主要包括制订项目计划、进行资源协调、跟踪项目进展等。

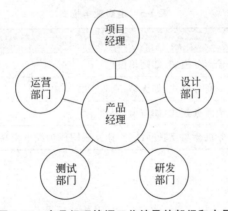

图 1-16　产品经理协调工作涉及的部门和人员

需要注意的是,在大型公司里,通常会由项目经理来处理大部分项目管理协调工作,产品经理只需提供支持和建议。而在创业公司里,产品经理通常需要自己进行项目协调管理。

1.4　产品设计行业术语

作为刚刚进入产品设计领域的新人,了解一些常用的行业术语是必要的。只有了解了基本的行业术语,才能便于行业内部交流。下面从企业架构、电商业务模式、文档体系、产品版本 4 个方面详细讲解产品设计行业的相关术语。

1. 企业架构

这里主要介绍互联网企业常见的职级和设计部门,如表 1-4 所示。

表 1-4　互联网企业职级和设计部门

名称	描　述
CEO	首席执行官,是企业的法人代表
COO	首席运营官,主要负责公司的运作和管理
CFO	首席财务官,类似于财务总经理
CTO	首席技术官,类似于总工程师
VP	副总裁,包括技术副总裁、财务副总裁等
PM	产品经理和项目经理都称为 PM,负责产品或项目的整个生产周期
UI	用户界面设计
ID	交互设计,有时候为区别于工业设计,会写作 IxD
UE	用户体验设计

2. 电商业务模式

常见的电商业务模式有 4 种,如表 1-5 所示。

表 1-5　电商业务模式

名称	描　述
B2B	企业对企业的电子商务模式,如阿里巴巴
B2C	企业对个人的电子商务模式,如天猫、京东
C2C	个人对个人的电子商务模式,如淘宝、闲鱼
O2O	是指将线下的商务机会与互联网结合,让互联网成为线下交易的平台的商务模式,如美团

3. 文档体系

在产品设计流程中,主要产出 3 种文档,如表 1-6 所示。

表 1-6　产品设计流程中的文档

名称	描　述
BRD	商业需求文档,主要包括产品的核心竞争力、收益等
MRD	市场需求文档,主要包括业务模式、产品模式、目标客户等
PRD	产品需求文档,主要包括产品雏形、实现方向等

4．产品版本

产品的版本主要包括开发版本和商业版本两大类，具体如表 1-7 和表 1-8 所示。

表 1-7　产品开发版本

名称	描　述
Alpha 版	预览版，或者叫内部测试版，一般不向外部发布，只供测试人员使用
Beta 版	公开测试版，这个版本比 Alpha 版发布得晚一些，主要是供忠实用户测试使用
RC 版	候选版，该版本又较 Beta 版更进了一步，该版本功能不再增加，和最终发布版功能一样
Stable 版	稳定版，开源软件都有 Stable 版，也就是开源软件的最终发行版

表 1-8　产品商业版本

名称	描　述
RTM 版	工厂版，该版本程序已经固定，就差工厂包装、光盘印制图案等工作了
OEM 版	厂商定制版，是给计算机厂商随着计算机出售的
EAVL 版	评估版，一般有 30～60 天使用期限
RTL 版	零售版，该版本就是正在发售的版本

1.5　产品工具

"工欲善其事，必先利其器。"熟练掌握一些优秀的产品设计工具，可以让产品经理在工作中事半功倍。产品经理使用的产品设计工具有很多，其中最典型的是 Axure RP、XMind、Visio。本节对这 3 种工具做简单介绍。

1.5.1　Axure RP

Axure RP 简称 Axure，发音为 ack-sure。Axure 代表美国 Axure 公司，RP 则是 Rapid Prototyping（快速原型）的缩写。作为美国 Axure 公司旗舰产品，Axure 是一个专业的快速原型设计工具，让负责定义需求的产品经理能够快速创建产品的草图、流程图、原型图和规格说明文档。图 1-17 为 Axure 的图标。

作为在全球广泛使用的原型设计工具，Axure 是所有产品经理、交互设计师必须掌握的软件。Axure 操作简单、高效，已被大多数公司所采用。

Axure 的使用者主要包括商业分析师、可用性专家、产品经理、IT 咨询师、用户体验设计师、交互设计师、界面设计师等。另外，架构师、程序开发工程师也使用 Axure。图 1-18 为 Axure 的工作界面。本书统一使用 Axure 绘制项目流程图和原型图（关于 Axure 的操作方法将在第 2 章详细讲解）。

图 1-17　Axure 图标

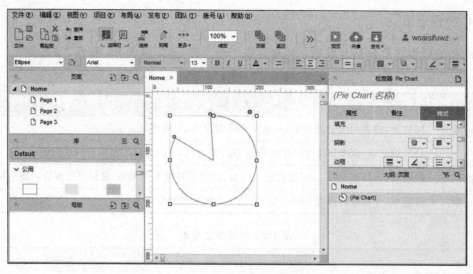

图1-18　Axure 的工作界面

1.5.2　XMind

　　XMind 是一款非常实用的商业思维导图软件,具有思维管理、商务演示、与办公软件协同工作等功能。在产品设计中,XMind 主要用于绘制产品结构图。产品经理在开展头脑风暴时,可以利用 XMind 来快速厘清思路,快速记录并结构化思维灵感。图1-19 为 XMind 的图标。

图1-19　XMind 图标

　　除了绘制思维导图外,XMind 还可以绘制鱼骨图、二维图、树形图、逻辑图和组织结构图,并且可以很方便地在这些展示形式之间进行转换。在兼容性方面,XMind 可以导入 MindManager、FreeMind 的文件,也可以将自身的文件导出为 Word、PPT、PDF、图片和 TXT 等格式的文件,以便将用 XMind 绘制的图与他人轻松共享。图1-20 为 XMind 的工作界面。

1.5.3　Visio

　　Visio 是一款矢量流程图制作工具,也是目前产品经理最常用的一款流程图工具,其图标如图1-21 所示。通过 Visio 可以方便、快速地把业务流程、系统实现流程画出来。

　　Visio 包含很多组件库和丰富的模板,可以很方便地完成各类流程图、结构图的制作。图1-22 为 Visio 的工作界面。

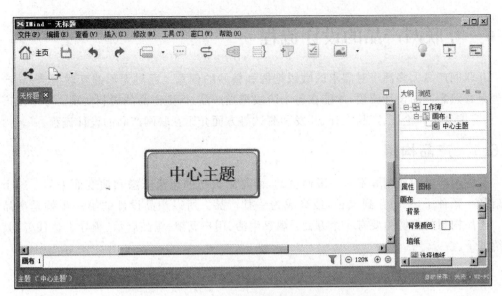

图 1-20 XMind 的工作界面

图 1-21 Visio 图标

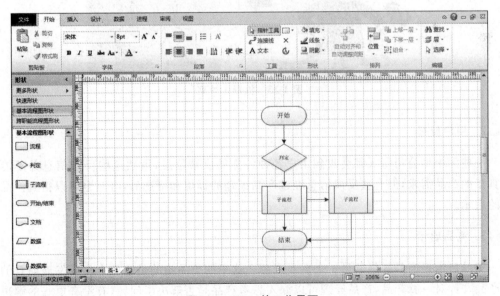

图 1-22 Visio 的工作界面

1.6　互联网产品的设计流程

互联网产品大多源于对需求的敏锐把握和精妙的创意。面对无形的互联网产品,产品经理只有熟悉产品设计流程,才能在各个阶段把控产品,保证产品的顺利实现。本节从产品构想、需求分析和论证、产品设计、开发和测试等方面介绍互联网产品的设计流程。

1.6.1　产品构想

互联网产品的成型并不是一蹴而就的,而是由最初的想法酝酿和演变而来的。这个想法就像一颗种子,从萌芽到成长,最终成为一款产品。所以产品设计的第一步就是产品构想。产品构想的来源主要有 4 个方面:观察生活、用户反馈、竞品启示、领导下达任务,具体介绍如下。

1. 观察生活

产品创意一般来源于对生活中事物的观察和思考。产品经理也是生活在一定领域和阶层中的人,在生活中只要认真观察和思考,总能发现很多问题。这些问题都可以成为产品经理研发产品、解决问题的契机。例如,现在的年轻人大多靠外卖解决一日三餐。外卖卫生状况堪忧,可很多年轻人却不会做饭。可能有的产品经理就会萌生这样的想法:能不能运用人工智能技术设计一款会做饭的机器人,如图 1-23 所示。

图 1-23　机器人炒菜

2. 用户反馈

一些大中型公司每天都会收到用户各种各样的反馈信息,虽然这些反馈信息并不能成为真正的产品需求,但有些反馈信息经过产品经理的提炼和筛选后,有时也可以得到产品构想的启示。

3. 竞品启示

竞品启示是产品构想的另一个重要来源。这里的竞品指的是市面上具备发展前景的同类产品。针对一款产品,产品经理可以深入思考产品是否解决了问题,有没有更好的解决方法,产品有没有需要改进的地方。通过这些设问,产品经理得到自己的产品构想。通过竞品启示,产品经理可以将国外特色模式移植到国内,或者进行微创新差异化竞争。

4．领导下达任务

大公司很多产品的构想来源于老板或投资人的前瞻性判断,以满足公司的战略布局需要。通常高层会下达任务进行内部分析研发。

需要注意的是,产品在构想阶段往往是粗糙的、似是而非的。因此产品经理需要对想法进行构建和验证,形成比较清晰的产品概念。常用的验证方法有自洽验证法和三角互证法,具体介绍如下。

(1)自洽验证法就是产品经理自己进行逻辑推演,证明其构想至少不是异想天开或者错误的。

(2)三角互证法是指将一个问题从 3 个不同来源、不同方式得来的结果加以分析比较,看是否具有一致性。在产品构想阶段,产品经理可以将自己的想法分享给同事、同行或者可能受益的用户代表,征集他们的建议,通过这样的小范围沟通,让最初的产品构想不断变得清晰。

产品构想阶段的产出物为产品的模糊形态,如产品的大致定位、基本功能设想等。

1.6.2　产品需求分析和论证

通过产品构想和验证,一个基本的产品概念就初具雏形了。但此时的产品概念还只是产品经理个人的构想,这个构想到底能否发展为成型的产品,还需要对产品的需求进行范围更广的分析和论证。需求分析和论证包括用户研究和市场研究两方面,具体介绍如下。

1．用户研究

用户研究是围绕以用户为中心的设计方法论所进行的活动,使用户的实际需求成为产品设计的导向,使产品更贴近用户。用户研究的目的是定位产品的目标人群和用户。常见的用户研究方式有用户访谈、调查问卷、数据分析等。

2．市场研究

通过市场研究来了解市场情况,比较行业产品,丰富对自身产品的理解。产品的市场研究主要包括两方面:行业分析和竞品分析,如图 1-24 所示。

行业分析的目的是明确产品的市场价值有多大,天花板在哪里、产品有没有前途,是为了解决值不值得做的问题。竞品分析的目的是明确产品的差异化亮点和产品运作策略,是为了解决怎么做的问题。

图 1-24　市场研究

产品需求分析和论证阶段的产出物为产品的定位、核心功能、发展规划等。在此阶段会对产品项目进行立项(立项是指建立项目,并有计划地组织和实施,一般包括立项筹备、立项评审和项目启动 3 部分),产出的文档包括商业需求文档(BRD)、市场需求文档(MRD)等。

注意:关于项目的立项时间,每个公司都有自己的规范,既可以在产品需求分析和论证阶段立项,也可以在产品设计阶段立项。

1.6.3　产品设计

如果通过产品需求分析和论论证后确定产品可以实现,就可以着手进行产品设计了。产品设计主要包括产品结构设计、产品流程设计、产品原型设计、用户界面设计、交互设计,具体介绍如下。

1．产品结构设计

产品结构设计就是绘制产品功能或页面的基本架构。在产品结构设计阶段的产出物为产品结构图(详见 1.3.1 节)。产品结构图就相当于产品的骨架,是流程图和原型图的绘制依据。

2．产品流程设计

产品流程设计指的是绘制能够明确产品的操作环节和转换关系的图示,是产品设计的核心内容。在产品流程设计阶段的产出物为产品流程图(详见 1.3.1 节)。产品流程图的存在让项目参与者明确知道业务是如何运作的,便于快速开展工作。

3．产品原型设计

产品原型设计指的是综合考虑产品目标、功能需求等因素,运用线条或图形对产品的各版块、界面和元素进行合理排序的过程。在产品原型设计阶段的产出物为低保真产品原型图(详见 1.3.1 节)。产品原型设计在整个产品设计流程中处于最重要的位置,有着承上启下的作用。在产品原型设计之前,需求或功能信息都相对抽象,产品原型设计的过程就是将抽象信息转化为具象信息的过程,随后产出的产品需求文档(PRD)是对产品原型设计中的版块、界面、元素及它们之间的执行逻辑的描述和说明。

4．用户界面设计

用户界面设计是指在产品原型图的基础上,运用颜色、图形、图像装饰产品,将美观的产品界面呈现给用户。在用户界面设计阶段,产出物为产品界面效果图。由于视觉效果是一项专业性要求比较高的工作,因此在产品设计团队中会专门设立 UI 设计师的岗位。产品经理在这个阶段的主要作用是辅助 UI 设计师进行产品视觉设计,并从产品层面给出建议。

5．交互设计

交互设计就是通过互动提升用户在使用产品过程中的感受,从而提高用户的满意度和忠诚度。在产品设计中,交互设计的目标可以从可用性和用户体验两个层面进行分析,关注以用户为中心的产品需求。和用户界面设计一样,交互设计也会设立专门的岗位——交互设计师。在工作中,交互设计师会秉承以用户为中心的设计理念,以提升用户体验为原则,在产品经理的配合下共同完成交互设计。

产品设计阶段的产出物为产品的结构、流程和详细的功能模块等。在此阶段,产品经理会对产品功能进行梳理,在 UI 设计师和交互设计师的配合下完成低保真原型图和高保真原型图的制作(有的公司不会要求完成高保真原型图)。当产品经理完成原型图的设计后,会产出产品需求文档。

1.6.4　开发和测试

当产品需求文档通过评审后,产品可交由开发团队进行功能实现。在开发和测试阶段,产品经理的主要工作是对开发项目进度的把控、协调。产品功能实现的过程主要分为两个阶段:开发阶段和测试阶段,具体介绍如下。

1. 开发阶段

在开发阶段,开发团队会根据产品需求文档进行需求分析、技术调研、制定技术实施方案,再将前端制作好的页面进行代码合成。现在的主流开发模式有两种:瀑布式开发和敏捷开发。

1) 瀑布式开发

瀑布式开发是指采用瀑布模型,把软件生存周期的各项活动规定为按固定顺序连续进行的若干阶段,形如瀑布流水,如图 1-25 所示。

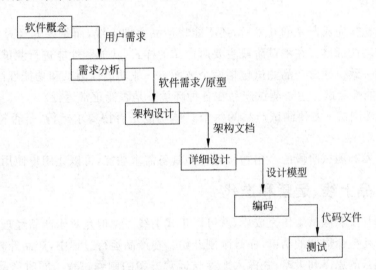

图 1-25　瀑布式开发

虽然瀑布式开发方式各阶段衔接紧密,可以让开发工作有条不紊地进行,但它也存在一些缺点,具体如下:

- 各个阶段的划分完全固定,阶段之间产生大量的文档,极大地增加了工作量。
- 由于开发模型是线性的,只有等到整个过程的末期才能见到开发成果,难以适应用户需求的变化,增加开发风险。

2) 敏捷开发

敏捷开发是一种以人为核心、迭代的、循序渐进的开发方法。这种方法把一个大项目分为多个既相互联系又可独立运行的小项目,然后分别完成,在此过程中,软件一直处于可以使用的状态,如图 1-26 所示。

虽然敏捷开发非常灵活,能够快速适应市场和用户需求的变化,但它同样存在一些缺点,具体如下:

- 计划性和规范性较差,主要强调适应性而不是预见性。
- 各开发阶段的衔接没有瀑布模型紧密。

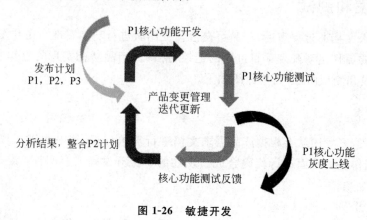

图 1-26　敏捷开发

2. 测试阶段

开发人员初步完成产品的开发后,还不能将产品立即上线,而是要先经过内部的测试,看它是否达到功能标准。在测试阶段主要对产品的样式、功能和性能进行测试验证,看它是否与最初设想一致。通常产品测试包括两个方面——非功能性测试和功能性测试。

(1)非功能性测试。主要测试产品在各种环境下是否能正常运行。

(2)功能性测试。主要测试产品的每个具体功能是否按要求运行,是否符合之前的产品设计需求。

在产品开发和测试阶段的产出物就是一个具备需求功能,可以让用户使用的产品。

1.6.5　产品上线、运营和迭代

当产品的开发和测试工作完成后,就可以正式上线了。但是对于产品经理来说,产品的上线并不是产品生命周期的结束,而是刚刚开始。在产品运行过程中,产品经理要向运营人员传达产品运营的思路和策略,并深入地参与运营方案的制作过程。同时产品经理也要不断收集用户反馈的问题,分析问题的原因,然后对产品进行优化迭代。

1. 产品上线

产品上线就是将研发的产品发布出去,提供给在线用户使用。在产品设计流程中,产品发布是产品生命周期的第一阶段,也是产品生命周期最重要的阶段。在产品上线前要做好准备工作,主要包括产品物料、产品团队和风险预控。

(1)产品物料。在物料方面,要保证产品核心功能、核心流程完整可用,同时要确保使用文档、帮助文档、应用商店的图片、描述等准备就绪。

(2)产品团队。产品上线是公司发展的重要里程碑,需要各个团队(如运营、客服等)的努力和配合。

(3)风险预控。在产品上线过程中,有些突发性问题往往是很难预料的,如用户量暴增、出现大量投诉等。因此必须准备第二套方案,以防不测。

2．产品运营

产品运营是帮助产品和用户建立关系并维系这种关系的手段。在运营产品时,首先应该评估产品的现状、产品处于什么阶段、产品当前所处的竞争环境,据此制定运营策略;然后将策略目标进行拆分,制订执行计划;最后需要对数据进行监测,做好数据的收集和分析工作。

3．产品迭代

产品迭代是指对产品进行优化、升级、改版,使产品满足市场需求,保持产品的竞争力。要进行产品迭代,首先需要根据不同团队的迭代周期、产品预期、平台规模、功能需求等进行迭代调研,然后分析产品迭代的可行性,最后实施产品迭代项目,确定迭代功能的优先级(关于迭代的相关知识将在第 8 章讲解)。

阶段案例：洗刷刷 App 产品设计流程

在介绍了产品、产品经理和产品设计流程之后,接下来通过一个洗车软件项目分析互联网产品的设计流程。

1．产品构想

洗刷刷是一个线下连锁洗车门店。最近几年,随着劳动力成本逐步提升,门面租金上涨,传统洗车店生存的压力变得越来越大。如何吸引用户,增强用户黏性或者增加增值服务,寻求转型机会,已经成为洗刷刷亟待解决的问题。随着互联网行业的发展,市场上也出现了许多专门为车主提供汽车服务的移动 App 产品,"互联网＋汽车"俨然成为汽车圈的热门话题。而洗车作为汽车后市场的基础服务,是进入汽车 O2O 市场的最好入口。因此,可以设计一款洗车类的 App 产品,其优势主要表现在以下几个方面。

(1) 方便吸引用户。互联网是一个大市场,手机用户群也越来越庞大。如果将洗车服务软件制作成一个 App,通过用户注册就能很方便地收集用户信息,更好地进行业务推广和宣传。

(2) 增加用户黏性。可以通过会员机制和一些优惠、礼品让用户使用 App,为用户持续消费打好基础。

(3) 制造转型机会。可以将一些礼品、优惠券等放到 App 积分商城,通过洗车、会员等方式进行积分,采用积分兑换商品的机制,发展线上商城。在用户积累到一定规模时,可以将商城转型为真正的汽车用品类电商平台(类似天猫、京东的网站)。

到此,关于洗刷刷 App 产品已经有了一个基本的形态,具体如表 1-9 所示。

表 1-9　洗刷刷 App 产品的基本形态

产　　物	解　　释
产品概念	结合线下洗车门店的一款洗车 App
产品定位	短期规划：有车的移动端用户,主要是洗车和保养等服务。 中期规划：互联网用户,主要经营汽车用品的电商网站,完成企业转型

续表

产　　物	解　　释
产品功能	• 洗车和查询洗车门店； • 增加保养、维修等与汽车相关的服务类目； • 积分兑换； • 会员机制（充值优惠、会员代金券等）

2．产品需求分析和论证

有了关于洗刷刷 App 产品的基本概念和定位，接下来就可以进行产品需求分析和论证了。在这一阶段要具体分析产品的目标市场、用户以及现有的竞争产品，总结产品的需求概况，并进一步梳理需求（关于产品需求的具体分析可参见第 3 章）。

3．产品设计

在此阶段主要是绘制洗刷刷 App 产品的结构图、流程图、原型图。

4．产品开发和测试

开发和测试主要是洗刷刷 App 产品的实现过程，包括开发阶段和测试阶段。开发阶段主要实现商品的功能模块。测试阶段主要是为了保证洗刷刷 App 的正常运行。

该项目采用敏捷开发的方式，将整个开发周期分为两个阶段（为了便于本书项目演示，不对具体需求进行细化，只分两个大的模块），具体如表 1-10 所示。

表 1-10　开发阶段

阶　　段	产　　物
第一阶段	洗车 App 的功能模块
第二阶段	以洗车 App 积分商城为基础制作一个 PC 端电商网站

5．产品上线、运营和迭代

这个阶段主要是洗刷刷 App 产品的发布、运营和推广。在进行迭代时，需要收集用户的反馈信息，完善产品功能，并实现第二阶段的电商网站产品。

第 2 章
Axure工具基本操作

学习目标

- 了解 Axure 的工作界面。
- 认识 Axure 的常用组件。
- 掌握 Axure 的基本操作。

作为专业的快速原型设计工具，Axure 已成为所有产品经理必须学会的一款软件。掌握 Axure 的基本操作是产品设计入门的第一步。本章将带领读者认识 Axure 的工作界面和常用组件，了解 Axure 的基本操作。

2.1 软件基础

在学习一款软件之前，首先要了解这个软件。本节将针对 Axure 的文件格式进行讲解。本书统一采用 Axure RP 8 进行讲解，图 2-1 所示即为 Axure RP 8（以下称为 Axure）软件的欢迎界面。

图 2-1　Axure RP 8 欢迎界面

在图 2-1 所示的欢迎界面中,"打开文件"按钮下方的区域是最近打开的文件列表,由此也可以看出,Axure 主要包含 3 种不同的文件格式:

(1).rp 文件:是使用 Axure 进行原型设计时所创建的文件格式,也是保存项目时的默认格式,如图 2-2 所示。

(2).rplib 文件:是元件库的文件格式,用户创建的或者在网上下载的 Axure 元件库均为该格式,如图 2-3 所示。

(3).rpprj 格式:是团队协作的项目文件格式,通常用于团队中多人协作处理同一个较为复杂的项目。团队项目允许随时查看并恢复到任意一个历史版本,如图 2-4 所示。

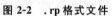

图 2-2　.rp 格式文件　　　图 2-3　.rplib 格式文件　　　图 2-4　.rpprj 格式文件

2.2　Axure 工作界面介绍

启动 Axure 后(关闭欢迎页面),即可看到其工作界面。在工作界面中包含菜单栏、工具栏(主工具栏和样式工具栏)、页面面板、库面板、母版面板、页面编辑区、检查器、大纲面板等,如图 2-5 所示。

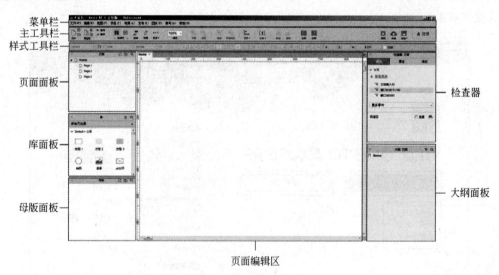

图 2-5　Axure 工作界面

1. 菜单栏

菜单栏作为软件必不可少的组成部分,主要用于为大多数命令提供功能入口。Axure 软件的菜单栏包括文件、编辑、视图、项目、布局、发布、团队、账号、帮助 9 个菜单,如图 2-6 所示。

文件(F)　编辑(E)　视图(V)　项目(P)　布局(A)　发布(P)　团队(T)　账号(A)　帮助(H)

图 2-6　菜单栏

对图 2-6 所示的菜单栏选项具体解释如下:

(1)"文件"菜单包含打开、新建、保存、导入/导出等命令。

(2)"编辑"菜单包含撤销/恢复、剪切、复制、粘贴等命令。

(3)"视图"菜单包含工具栏设置、面板设置等命令。

(4)"项目"菜单包含元件/页面设置等设置命令。

(5)"布局"菜单包含组合/取消组合、元件顺序、辅助线等命令。

(6)"发布"菜单包含预览、发布、预览设置等相关命令。

(7)"团队"菜单包含团队项目相关命令。

(8)"账号"菜单包含账号创建、登录等命令。

(9)"帮助"菜单包含各种帮助信息。

2．主工具栏和样式工具栏

主工具栏和样式工具栏统称为工具栏,是 Axure 的重要组成部分。工具栏主要用于所有元件的通用属性设置,当鼠标光标停留在某个工具上时会显示工具名称。下面分别对主工具栏和样式工具栏进行讲解。

主工具栏主要用于执行文档的基本操作,例如撤销、剪切/粘贴、对齐以及发布预览等,如图 2-7 所示。

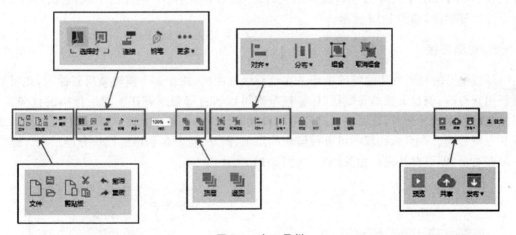

图 2-7　主工具栏

样式工具栏主要用于执行单个元件的样式更改操作,如更改文字的字体、颜色、大小、样式,设置元件的背景和线条颜色、元件大小等,如图 2-8 所示。

3．页面面板

页面面板也称为站点地图,主要用于展示文档中包含的页面,这些页面以 Home 为根节点,呈树状展示,可以快速打开项目原型不同的页面。在 Axure 中,页面面板主要包含添

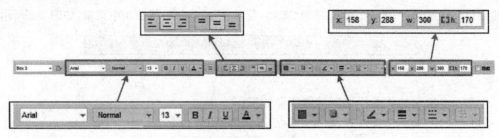

图 2-8　样式工具栏

加、删除、重命名和组织页面层次的功能,如图 2-9 所示。如果需要对某个页面进行编辑,则只需要在页面面板中找到这个页面并双击,即可打开这个页面。

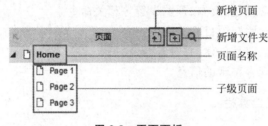

图 2-9　页面面板

4．库面板

库面板是用于存放元件的地方。元件也被译为控件、组件、部件,本书统一将其称为元件。在 Axure 库面板中不仅包含线框图元件库、流程图元件库,还提供了载入元件库和创建元件库等功能,如图 2-10 所示。

5．母版面板

母版是一种可以复用的特殊模块。在绘制线框图时,往往一个模块被反复使用,此时就需要用到母版,例如页面的导航栏、标签栏等都可以通过母版来调用。使用母版的优势是:当修改母版中的元件时,页面中所有使用该母版的元件都会随之更改,在设计时可以提高效率并方便管理。在母版面板中可进行模块的添加、删除、重命名和组织模块分类层次。选中母版并右击,即可对其进行相关操作,如图 2-11 所示。

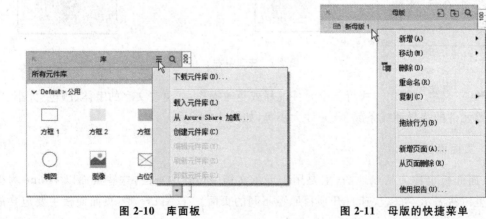

图 2-10　库面板　　　　　　　图 2-11　母版的快捷菜单

6．页面编辑区

页面编辑区也叫工作区，是进行流程图、原型图制作的主要区域，如图 2-12 所示。页面编辑区默认显示标尺，标尺的刻度为像素。

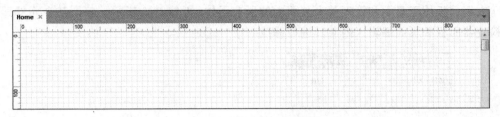

图 2-12　页面编辑区

7．检查器

检查器用于设置元件交互样式、元件自身样式以及给元件添加备注的功能。检查器包含 3 个面板，分别是"属性"面板、"备注"面板、"样式"面板，下面对这 3 个面板进行介绍。

（1）"属性"面板：主要用于设置元件的交互效果，如图 2-13 所示。

（2）"备注"面板：主要用于对页面或页面中指定的元件进行说明注释，如图 2-14 所示。

图 2-13　"属性"面板

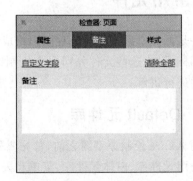

图 2-14　"备注"面板

（3）"样式"面板：主要用于设置元件自身的样式，如边框颜色、填充颜色、字体样式、线段类型等，如图 2-15 所示。

8. 大纲面板

大纲面板用于显示和管理某个页面中的所有元件，如图 2-16 所示。双击某个元件即可在检查器面板和页面编辑区内对其进行修改。

图 2-15　"样式"面板

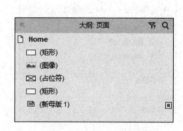

图 2-16　"大纲"面板

2.3　常用元件

元件是低保真原型图或流程图的组成部分，Axure 元件库内包含线框图元件、流程图元件以及图标元件，这些元件分别用来绘制线框图、流程图以及图标。本节将针对 Axure 的常用元件进行讲解。

2.3.1　Default 元件库

在用 Axure 绘制原型图之前，首先要先了解这些常用的基本元件。Default（默认）元件库包含公用元件库、窗体元件库、菜单和表格元件库、标记元件库 4 类。下面针对基本的公用元件库和窗体元件库进行讲解。

1. 公用元件库

公用元件库也称为常用元件库。在公用元件库中,常用的元件有图像、标题、标签、文本、方框、横线、垂直线、占位符、按钮、动态面板、图像热区等,下面分别对这些常用元件进行介绍。

（1）图像元件：代表图片,通过这个元件,可以添加本地图片到页面中,如图 2-17 所示。

图 2-17　图像元件

（2）标题、标签和文本元件：分别用于输入标题文本、普通文本以及段落文本,如图 2-18 和图 2-19 所示。

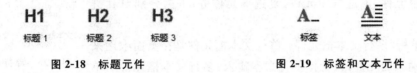

图 2-18　标题元件

图 2-19　标签和文本元件

（3）方框元件：是 Axure 最常用的元件之一,它不但可以用来作为背景,还可以用于页面布局,Axure 提供了 3 种不同颜色的方框,如图 2-20 所示。

（4）横线和垂直线元件：当需要在视觉上分隔一些区域时,可以使用这两个元件,如图 2-21 所示。

图 2-20　方框元件

图 2-21　横线和垂直线元件

（5）占位符元件：往往有一些区域需要填充一些内容,而这些内容可能会依据不同的情况而变化,例如焦点图,因此在做原型时,一般将这些地方用占位符代替,代表这里以后会填充其他内容,如图 2-22 所示。

（6）按钮元件：是一个带样式的按钮,可以通过调整其样式来区别鼠标移入时、鼠标悬停时、鼠标点击时的交互样式,Axure 提供了 3 种不同样式的按钮,如图 2-23 所示。

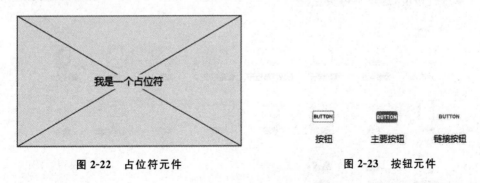

图 2-22　占位符元件

图 2-23　按钮元件

（7）动态面板元件：是 Axure 中功能最强大的元件,通过这个元件可以设置很多不同的动态效果,如图 2-24 所示(关于动态面板的使用,将会在第 6 章详细讲解,这里简单了解即可)。

（8）图像热区元件：是一个透明层，这个层可以放在任何区域上，并在该层上添加交互。该元件通常用于给某张图片添加交互的热区，如图 2-25 所示。

图 2-24　动态面板元件　　　　　　图 2-25　图像热区元件

2. 窗体元件库

Default 窗体元件库也称为表单元件库，在 Default 窗体元件库中，常用的元件有单行/多行文本框元件、单选按钮元件、复选框元件等，下面分别对其进行介绍。

（1）单行/多行文本框元件：单行文本框元件是在页面中用来接收用户输入的元件，只支持单行文本输入；多行文本框元件与单行文本框元件类似，区别在于多行文本框元件支持多行文本输入。单行/多行文本框元件如图 2-26 所示。

图 2-26　单行/多行文本框元件

（2）单选按钮元件：当用户在多个选项中只能选择一个选项时，就会用到单选按钮元件，如图 2-27 所示。

（3）复选框元件：用于让用户在多个选项中选择一个或多个选项，如图 2-28 所示。

图 2-27　单选按钮元件　　　　　　图 2-28　复选框元件

2.3.2　Flow 元件库

Flow（流程图）元件库是 Axure 提供的用于绘制流程图的一个模块，包含流程图中所用到的矩形、圆角矩形、菱形等基本元件，如图 2-29 所示。关于流程图元件的意义及使用，将在第 4 章进行讲解，这里不再赘述。

图 2-29　Flow 元件库

2.3.3　Icons 元件库

Icons(图标)元件库内的图标元件用于快速绘制图标,如图 2-30 所示。可以通过该元件库快速做出 UI,使用时,将元件拖曳至页面编辑区即可。

图 2-30　Icons 元件库

2.4　Axure 的基本用法

作为绘制原型图所必备的基本软件,Axure 的使用越来越受到大家的重视,在学习 Axure 的各种功能之前,首先要了解 Axure 的基本用法。本节将针对 Axure 的基本操作、常用元件的操作、母版的使用等进行详细讲解。

2.4.1　Axure 的基本操作

在学习 Axure 的各种功能之前,首先要对 Axure 的基本操作(如新建、打开、保存、预览等)有所了解。下面针对 Axure 的这些基本操作进行讲解。

1. 新建文档

启动 Axure,即可看到 Axure 的欢迎界面,单击"新建文件"按钮即可新建文件,如图 2-31 所示。若在已经打开的文档中新建文件,则可执行"文件"→"新建"命令(或按 Ctrl+N 组合键)新建文件。

2. 打开文件

在 Axure 中,执行"文件"→"打开"命令(或按 Ctrl+O 组合键),即可弹出"打开"对话框,如图 2-32 所示。选择要打开的文件,单击"打开"按钮,即可打开文件。

3. 保存文件

保存文件是一个十分重要的操作,当用户第一次保存文件时,在 Axure 中执行"文件"→

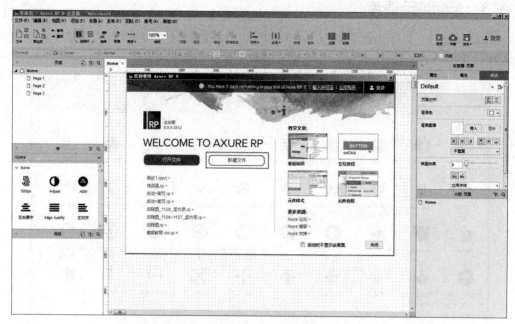

图 2-31   Axure 欢迎界面

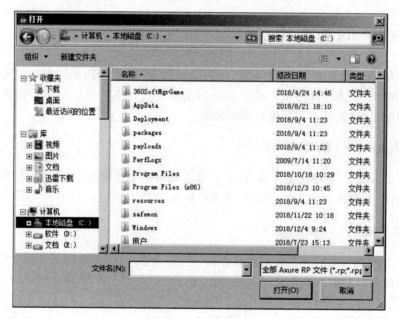

图 2-32   "打开"对话框

"保存"命令(或按 Ctrl＋S 组合键),即可弹出"另存为"对话框,如图 2-33 所示。

在"文件名"文本框中输入要保存的文件名,单击"保存"按钮,即可完成保存。当用户完成第一次保存操作后执行"保存"命令,则不会弹出"另存为"对话框,Axure 会直接保存文件。如果用户既想保存当前内容,又不想覆盖原来的内容,则可以执行"文件"→"另存为"命令(或按 Ctrl＋Shift＋S 组合键),即可弹出"另存为"对话框。

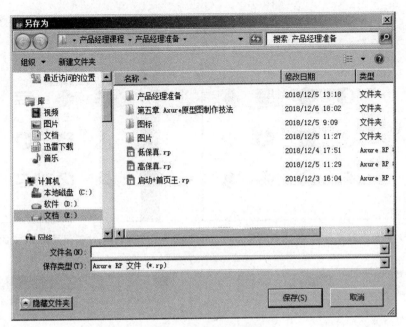

图 2-33　"另存为"对话框

注意：执行"另存为"命令时，若将新文件保存在相同的文件夹内，则文件名不能和原来的文件名相同，否则将会覆盖原来的文件，或者不能保存。

4．预览

预览就是将制作好的原型图在浏览器上显示出来以进行查看。在 Axure 中，执行"发布"→"预览"命令（或按 F5 键），即可在默认浏览器中预览效果。若想更改浏览器，则执行"发布"→"预览选项"命令，即可弹出"预览选项"对话框，如图 2-34 所示。单击"预览"按钮，即可在浏览器中查看。

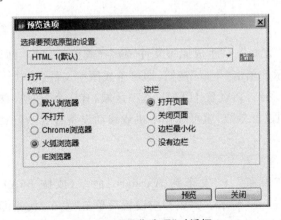

图 2-34　"预览选项"对话框

在"预览选项"对话框中，可以选择打开页面的浏览器，还可以设置页面的边栏。图 2-35～图 2-38 即为 4 种边栏样式的显示效果。

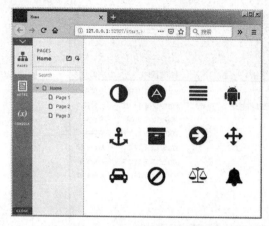

图 2-35　"打开页面"样式的效果

图 2-36　"关闭页面"样式的效果

图 2-37　"边栏最小化"样式的效果

图 2-38　"没有边栏"样式的效果

5．生成原型文件

在 Axure 中执行"发布"→"生成原型文件"命令（或按 F8 键），即可弹出"生成 HTML"对话框，如图 2-39 所示。单击"生成"按钮，即可生成原型文件。

在图 2-39 中可以看到，在设置 HTML 选项区域，有一个"手机/移动设备"选项，单击此选项后，在对话框右侧设置参数，就可以用手机或移动设备查看 Axure 原型文件了。

6．发布

在 Axure 中执行"发布"→"发布到 AxShare"命令（或按 F6 键），即可弹出"发布到 AxShare"对话框，如图 2-40 所示。完成相应设置后单击"发布"按钮即可。如果是第一次发布，会弹出"登录"对话框，如果没有账号，则需创建一个。输入账号（一般以 Email 作为账号）、密码，单击"确定"按钮即可发布原型文件，如图 2-41 所示。

发布成功后，在 Publishing to Axure Share 对话框中单击 copy 按钮复制网址，可以将已发布的 Axure Share 链接粘贴到浏览器地址栏中进行预览，如图 2-42 所示。这里要注意

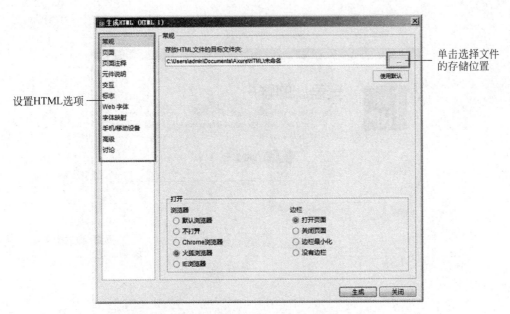

设置HTML选项

单击选择文件
的存储位置

图 2-39　"生成 HTML"对话框

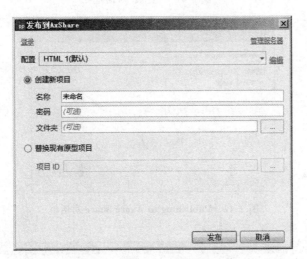

图 2-40　"发布到 AxShare"对话框

的是,由于 Axure 的服务器在中国境外,因此打开的速度有些慢。

7. 辅助线和网格

辅助线对保持布局与对齐元件有非常大的帮助。Axure 中的辅助线有全局辅助线和页面辅助线,如图 2-43 所示。

- **全局辅助线**:作用于所有页面,其添加方法是按住 Ctrl 键,再将水平或垂直辅助线拖曳至页面编辑区,这样所有的页面就都创建了辅助线。
- **页面辅助线**:作用于当前页面,其添加方法是将水平或垂直辅助线拖曳至页面编辑区,线条为绿色。

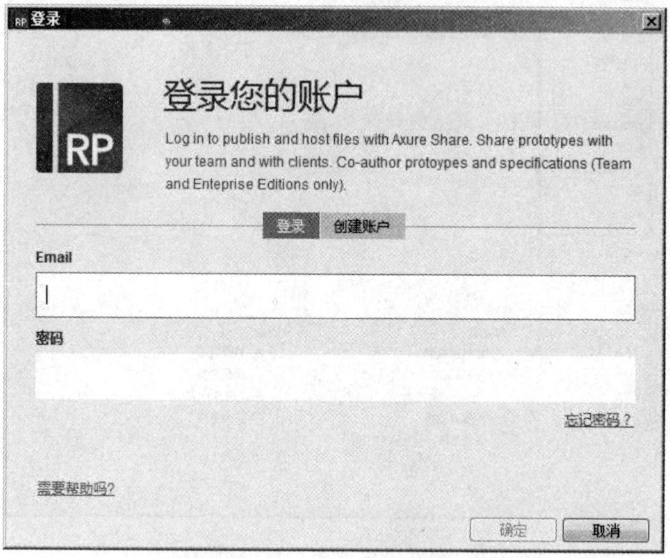

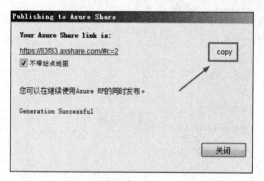

图 2-41　"登录"对话框

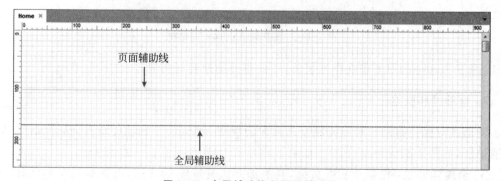

图 2-42　Publishing to Axure Share 对话框

图 2-43　全局辅助线和页面辅助线

网格的作用和辅助线类似,可以使我们更准确地对齐元件,执行"布局"→"网格和辅助线"→"显示网格"命令(或按 Ctrl＋'组合键),即可显示或隐藏网格(该命令是一个开关命令),如图 2-44 所示。还可以通过"网格设置"命令对网格的样式进行设置,例如网格的间距、样式及颜色,如图 2-45 所示。

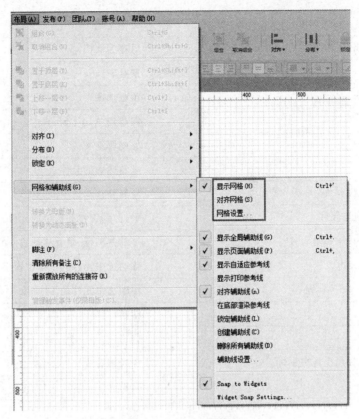

图 2-44 显示网格

图 2-45 网格设置

8．常用快捷键

在 Axure 的基本操作中,经常会用到一些快捷键,这些快捷键会帮助设计者更快速地制图。表 2-1 为 Axure 的常用快捷键。

表 2-1 Axure 的常用快捷键

常用快捷键	命　令
Ctrl＋N	新建文档
Ctrl＋O	打开文档
Ctrl＋S	保存文档
Ctrl＋Shift＋S	另存为文档
F5	预览
Ctrl＋F5	预览选项
F6	发布到 Axure Share
F8	生成原型文件
Ctrl＋C	复制选中的元件
Ctrl＋拖曳元件	复制并移动选中的元件
Shift＋拖曳元件	平行/垂直移动选中的元件
Ctrl＋Shift＋拖曳元件	复制并平行/垂直移动选中的元件
→/←/↓/↑	移动选中元件的 1 个像素
Shift＋→/←/↓/↑	移动选中元件的 10 个像素
Ctrl＋V	粘贴
Ctrl＋X	剪切
Ctrl＋在标尺上拖曳鼠标	全局辅助线
Ctrl＋Z	撤销
Ctrl＋A	全选
Ctrl＋'	显示/隐藏网格
Ctrl＋.	显示/隐藏全局辅助线
Ctrl＋,	显示/隐藏页面辅助线
Shift＋拖曳元件边角	等比缩放
Ctrl＋拖曳元件边角	旋转元件
Ctrl＋]	上移一层
Ctrl＋[	下移一层
Ctrl＋Shift＋]	置于顶层
Ctrl＋Shift＋[	置于底层

2.4.2 元件的基本操作

　　熟悉元件的基本操作,是掌握 Axure 软件操作的第一步。在 Axure 软件中,所有的元件都需要拖入页面编辑区中使用。在使用元件时,不仅可以进行一些基本操作,如命名、编组、快捷操作、设置样式、编辑元件文字、创建和载入元件库、导入图像、控制表单等,还能创建和载入元件库。下面将对元件的基本操作进行具体讲解。

1. 元件的命名、编组和快捷操作

在使用元件时,可以为元件命名,并对有关联的元件进行编组。

1) 为元件命名

通过为元件命名可以帮助设计者在页面中快速找到元件。将元件拖到页面编辑区后,选中元件,在检查器的"属性"面板中定义该元件的名称,如图 2-46 所示。

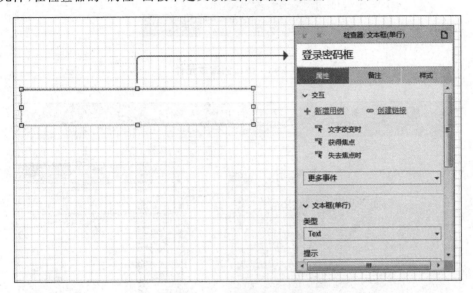

图 2-46　为元件定义名称

2) 元件编组

在页面编辑区内会存在很多元件,为了方便选择,往往会对元件进行编组。选中元件并右击,在弹出的快捷菜单中选择"组合"命令(或按 Ctrl+G 组合键)进行编组。若想取消编组,则右击,在弹出的快捷菜单中选择"取消组合"命令(或按 Ctrl+Shift+G 组合键)即可,如图 2-47 所示。

3) 复制、剪切和粘贴元件

复制、剪切和粘贴是各种软件中都很常用的操作,选中页面中的元件并右击,在弹出的快捷菜单中选择相应的命令即可,也可以按 Ctrl+C(复制)组合键、Ctrl+X(剪切)组合键、Ctrl+V(粘贴)组合键进行操作。

2. 设置元件样式

元件的样式包括位置、尺寸、排列、颜色、透明度等,具体介绍如下。

1) 设置元件位置和尺寸

元件的位置和尺寸可以通过两个方法进行调整。第一

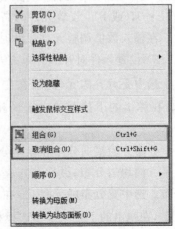

图 2-47　元件编组操作

个方法是鼠标拖曳来调整,若想按原有比例更改元件大小,按住 Shift 键,同时拖曳图像元件边角的小手柄 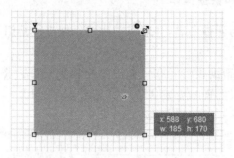,即可按比例缩放元件,如图 2-48 所示。第二个方法是在样式工具栏的右上方或检查器的"样式"面板中输入数值进行调整,如图 2-49 所示。

图 2-48   按比例缩放元件

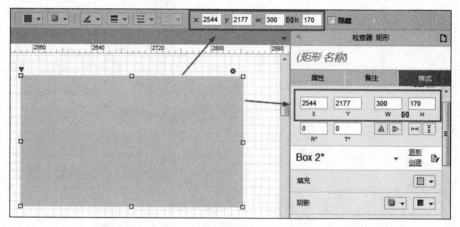

图 2-49   在工具栏或检查器面板中设置位置及尺寸

- X(或 x):设置元件在画布中的 X 坐标值。
- Y(或 y):设置元件在画布中的 Y 坐标值。
- W(或 w):设置元件的宽度。
- H(或 h):设置元件的高度。

在输入数值调整元件尺寸时,为了让元件按比例缩放,可以单击保持宽高比例按钮 ▣ 。

2) 设置元件对齐和分布方式

选中要对齐的元件后,在主工具栏中单击"对齐"按钮 ▣ ,在弹出的下拉菜单中选择相应的选项即可,如图 2-50 所示。

分布分为横向分布和纵向分布。横向分布是指元件在水平方向均匀分布,纵向分布是指元件在垂直方向的均匀分布。选中要分布的元件后,在主工具栏中单击"分布"按钮 ▣ ,在弹出的下拉菜单中选择相应的选项即可,如图 2-51 所示。

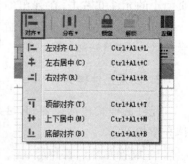

图 2-50   "对齐"按钮的下拉菜单

这里需要注意的是,使用分布功能时,页面中的元件必须是 3 个或 3 个以上。图 2-52 即为横向分布前后的效果。

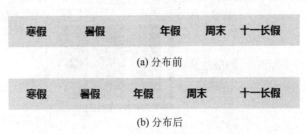

(a) 分布前

(b) 分布后

图 2-52 横向分布前后的效果

图 2-51 "分布"按钮的下拉菜单

3) 设置元件的旋转角度

在页面编辑区内选中元件,将鼠标光标放置在元件的边角处,按住 Ctrl 键,当鼠标光标变成 ↻ 时,按住鼠标左键拖曳即可,如图 2-53 所示。

4) 水平翻转和垂直翻转

在页面编辑区内选中元件,在检查器的"样式"面板内单击水平翻转按钮 ◢◣ 或垂直翻转按钮 ➤ 即可,如图 2-54 所示。

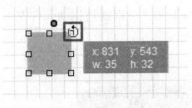

图 2-53 旋转元件

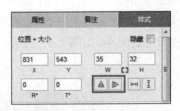

图 2-54 水平/垂直翻转

5) 设置元件的层级排列顺序

若想把页面编辑区内底层的元件放置在顶层,右击元件,在弹出的快捷菜单中,选择"顺序"命令,再接着选择相应的命令即可,如图 2-55 所示,方框标示的是对应的快捷键。

图 2-55 设置层级排列顺序

6) 设置元件的颜色及不透明度

在页面编辑区内选中元件,在样式工具栏或检查器的"样式"面板中的颜色选项,即可弹出如图 2-56 所示的颜色面板。

在颜色面板中可以进行以下设置:

- 填充类型:用于设置单色、渐变颜色填充。
- 吸管工具:用于吸取颜色。
- 色值:用于输入颜色值或直接进行颜色修改。

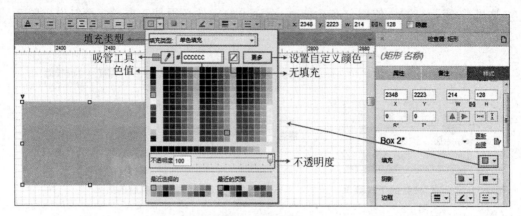

图 2-56   颜色面板

- 无填充：用于清空填充颜色。
- 设置自定义颜色：单击"更多"按钮，可以选择该面板的颜色以外的其他颜色。
- 不透明度：用于设置元件的不透明度。

7）设置形状

（1）设置圆角。

为矩形类元件设置圆角，可以让页面风格更加柔和。可以通过拖动元件左上方的倒三
角 ▽ 调整圆角的大小，如图 2-57 所示。

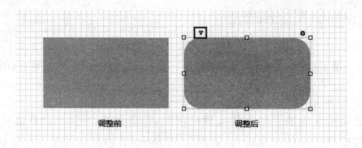

图 2-57   圆角调整前后对比

也可以在检查器的"样式"面板中对圆角进行设置，如图 2-58 所示。在该处设置圆角可
以取消部分圆角，例如，将圆角半径设置为 0，可以取消部分圆角。分别取消元件左上角、右
上角、左下角、右下角圆角，效果如图 2-59 所示。

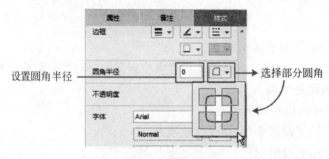

图 2-58   设置圆角

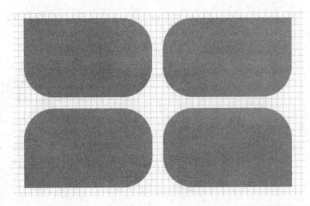

图 2-59　分别取消元件左上角、右上角、左下角、右下角圆角的效果

（2）更改形状。

单击元件右上方的小圆形 ◉，即可弹出形状菜单，如图 2-60 所示。单击任意一个形状，即可更改当前元件的形状，元件改变形状后的大小和原来的大小相同。例如，将占位符元件改为五角星的形状，图 2-61 为更改前后的对比。

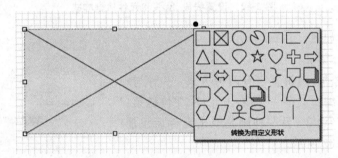

图 2-60　更改形状

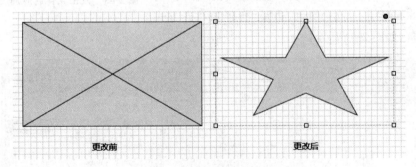

图 2-61　元件更改形状前后对比

（3）设置线段、箭头和元件边框样式。

线段、箭头和元件边框的样式可以在样式工具栏以及检查器的"样式"面板中进行设置，如图 2-62 所示。

3．编辑元件文字

在元件中可以编辑和插入相关文字，并调整文字的字体、大小、颜色、边距、行距和对齐

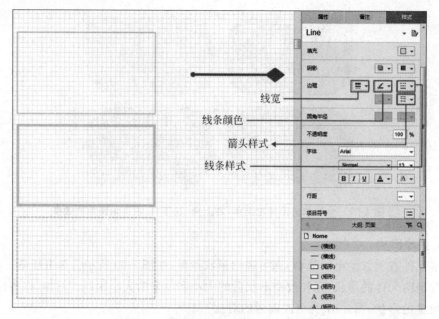

线宽
线条颜色
箭头样式
线条样式

图 2-62　设置线段、箭头和元件边框样式

方式等，具体讲解如下。

1）添加/编辑文字

给一般元件添加/编辑文字有两种方式：一种与在图像元件中添加/编辑文字一样，右击元件，在快捷菜单中选择"编辑文字"命令；另一种则是双击元件后添加/编辑文字，如图 2-63 所示。

2）设置文字样式、边距、行距和对齐方式

选中元件即可在样式工具栏或检查器的"样式"面板中对文字的字体、大小、颜色、边距、行距和对齐方式等进行编辑，如图 2-64 所示。

图 2-63　双击元件后添加/编辑文字

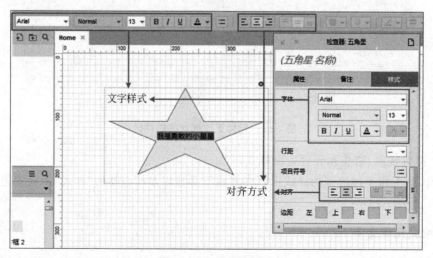

图 2-64　更改文字样式

4. 创建和载入元件库

在使用元件时,用户可以通过创建和载入元件库操作添加自己需要的元件。创建和载入元件库的方法十分简单,具体介绍如下。

1) 创建元件库

在库面板中单击选项按钮 ≡ ,弹出如图 2-65 所示的菜单,选择"创建元件库"命令。

在弹出的对话框中输入文件名后,单击"确定"按钮即可打开新的 .rplib 格式的文件,用户可以在页面编辑区中绘制图形或使用图片素材作为元件。

2) 载入元件库

在库面板中单击选项按钮 ≡ ,在下拉菜单中选择"载入元件库"命令,如图 2-66 所示,即可载入已经下载的元件库。载入元件库后,新元件就会出现在库面板中。

图 2-65　选择"创建元件库"命令

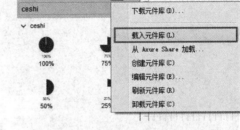

图 2-66　选择"载入元件库"命令

值得一提的是,当载入元件库时,会激活"编辑元件库""刷新元件库""卸载元件库"3 个命令,这 3 个命令主要用于对元件库进行编辑、刷新、卸载操作。

5. 导入图像

拖曳一个图像元件至页面编辑区,双击元件后,在弹出的"打开"对话框中选择要导入的图片,可以是任何尺寸的 JPG、GIF、PNG、BMP 和 SVG 图片,如图 2-67 所示。

图 2-67　导入图片

多学一招：Axure 中图像的优化

在 Axure 中，图像优化的方法分为两种：一种是系统自动优化，另一种是手动优化，具体如下。

图 2-68　询问是否优化
图像的对话框

（1）自动优化。当导入的图像尺寸过大时，会弹出询问是否优化图像的对话框，如图 2-68 所示。如果在此时选择优化，则优化后的图像分辨率会变低。

（2）手动优化。对于一些系统没有自动提示优化的图像，可以进行手动优化。选中需要优化的图像并右击，在弹出的快捷菜单中选择"优化图像"命令，即可对图像进行优化，如图 2-69 所示。

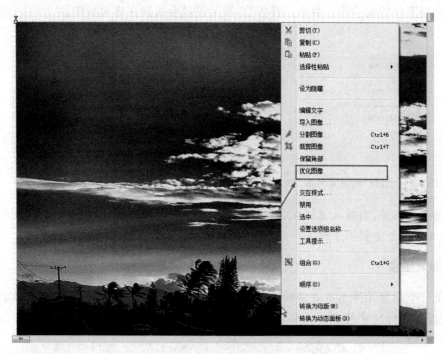

图 2-69　优化图像

6. 控制表单

图 2-70　单行文本框设置

控制表单中主要包含文本框、复选框和单选按钮 3 种元件。

1）文本框

文本框通常作为登录、注册等页面的输入元件使用，其本身对样式的设置很有限，不能设置边框样式、阴影等，但是可以在检查器的"属性"面板中设置文本框的类型、文字提示和提示样式等，如图 2-70 所示。在 Axure 中，文本框分为单行文本框和多行文本框两类，二者的用法基本一致，这里不再赘述。

对图 2-70 所示的面板中的常用选项介绍如下：
- 类型：用于更改文本输入类型，如文本、密码、电子邮件、数字、搜索等。图 2-71 为 4 种不同类型的文本框样式，从上至下依次用于输入文本、密码、电子邮件和数字。

文本

••••

邮件格式输入错误

123

图 2-71　不同类型的文本框样式

- 提示：用于提示用户的说明文字，当有文本输入时提示会自动消失。
- 提示样式：用于设置提示文字的样式，如文字大小、颜色等。
- 最大文字数：用于设置最多可输入的文字个数。

2）复选框

复选框允许用户选择一个或多个选项。使用时，直接将其拖曳至页面编辑区即可。

3）单选按钮

单选按钮只允许用户选择一个选项。单选按钮和文本框类似，不能设置样式，但是可以在检查器的"属性"面板中指定单选按钮组的名称以及设置单选按钮的对齐样式等，如图 2-72 所示。

需要注意的是，当把单选按钮拖曳至页面编辑区后，每个单选按钮都可以选中，如图 2-73 所示。

图 2-72　单选按钮设置　　图 2-73　未成组时每个单选按钮都可以选中

若想实现单选效果，需要指定单选按钮组。全部选中要放在一组中的单选按钮并右击，在弹出的快捷菜单中选择"指定单选按钮组"命令，如图 2-74 所示。

设置组名（组名可以是拼音、英文字母、数字、中文字符等）后，单选按钮就具有单选功能了，只能选择一个单选按钮，如图 2-75 所示。

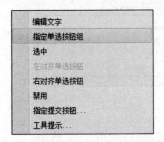

图 2-74　选择"指定单选按钮组"命令　　图 2-75　成组后的单选按钮只能选择一个

阶段案例：载入自定义元件库

下面通过一个载入自定义元件的案例来巩固元件的基本操作知识。案例的最终效果如图 2-76 所示。

图 2-76 所示为一个进度指示器，可以表示 5 种进度状态，这 5 种状态的图形可以分别定义为 5 个元件，并载入元件库，具体实现步骤如下。

Step1 在库面板中单击选项按钮☰，在下拉菜单中选择"创建元件库"命令，如图 2-77 所示，即可弹出"保存 Axure RP 库"对话框，选择保存目录并为 .rplib 文件命名，如图 2-78 所示。

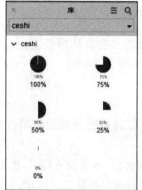
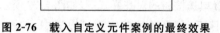

图 2-76 载入自定义元件案例的最终效果

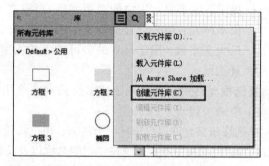

图 2-77 选择"创建元件库"命令

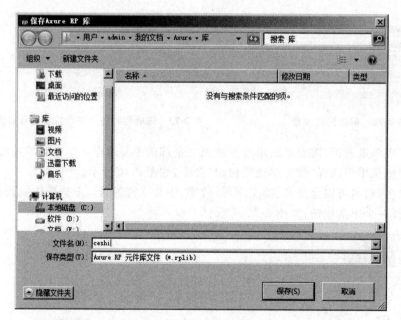

图 2-78 为元件库命名

Step2 保存好 .rplib 文件后，Axure 会打开一个新的窗口，如图 2-79 所示。

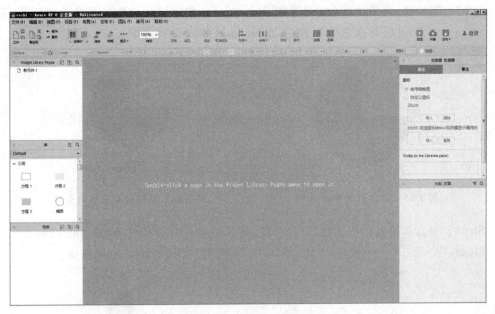

图 2-79　Axure 创建元件库窗口

Step3　选中"新元件 1"页面并右击,在弹出的快捷菜单中选择"重命名"命令,将元件重命名为"75%",如图 2-80 所示。

Step4　在库面板中将元件拖曳至页面编辑区,调整大小为 70 像素×70 像素,如图 2-81 所示。

Step5　将元件填充颜色设为蓝色(♯0066cc),边框颜色设为无,如图 2-82 所示。

图 2-80　元件重命名　　　　图 2-81　绘制元件　　　图 2-82　更改元件的填充颜色和边框颜色

Step6　选中元件,单击右上角的 ⊙ ,在弹出的面板中选择图 2-83 中用方框标示的形状。改变形状后的元件如图 2-84 所示。

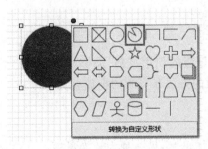

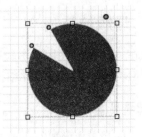

图 2-83　改变形状　　　　　　　图 2-84　改变形状后的元件

Step7 拖动 ◉，将角度改为 90°，如图 2-85 所示。将标签元件拖曳至页面编辑区，编辑文字，并将其颜色改为蓝色(♯0066cc)，如图 2-86 所示。

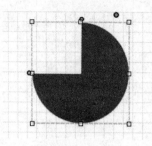

图 2-85　将切口角度改为 90°

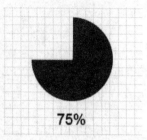

图 2-86　编辑标签元件的文字

Step8 单击新增元件按钮 ▣，新增元件，将其重命名为"50％"，如图 2-87 所示。

Step9 按 Step4～Step7 的方法，绘制"50％"元件的图形，如图 2-88 所示。

图 2-87　新增元件

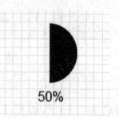

图 2-88　"50％"元件的效果

Step10 按 Step8 和 Step4～Step7 的方法再分别绘制"0％""25％""100％"3 个元件的图形，全部 5 个元件的效果如图 2-89 所示。

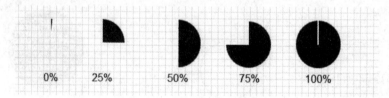

图 2-89　全部 5 个元件的效果

Step11 按 Ctrl＋S 组合键保存文件。在库面板中单击选项按钮 ☰，在下拉菜单中选择"刷新元件库"命令，即可在库面板中看到刚刚创建的元件库。至此，新增元件库操作完成。

2.4.3　母版的使用

母版在 Axure 中使用频率较高，熟练掌握母版的使用技巧，能够帮助设计者快速、高效地完成原型的制作。下面将详细讲解创建母版的方法和母版的拖放行为。

1. 创建母版

创建母版的方法主要分为两种：一种为新增母版，另一种为转换母版。

（1）**新增母版**。在母版面板中单击新增母版按钮🔧，即可新增一个母版，如图 2-90 所示。可以为母版命名，也可以双击母版，对其进行编辑。

（2）**转换为母版**。在页面编辑区内，选中要转换为母版的元件并右击，在弹出的快捷菜单中选择"转换为母版"命令，即可弹出"转换为母版"对话框，如图 2-91 所示。在"新母版名称"文本框中输入母版名称，单击"继续"按钮完成相关设置，最后单击"确定"按钮，母版即创建完成。转换后的母版会出现在母板面板中。

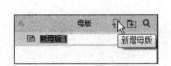

图 2-90　新增母版

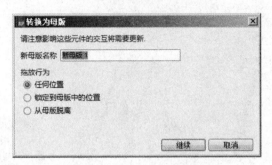

图 2-91　"转换为母版"对话框

2．母版的拖放行为

由图 2-91 可知，母版包含 3 种拖放行为，即任何位置、锁定到母版中的位置和从母版脱离。下面对这 3 种拖放行为进行讲解。

- 任何位置：当拖动母版到页面编辑区时，可以任意指定母版的位置。
- 锁定到母版中的位置：当拖动母版到页面编辑区时，母版会自动锁定到创建母版时的位置。
- 从母版脱离：当拖动母版到页面编辑区时，母版内的元件会脱离母版，变成可编辑的元件。

若想改变母版的拖放行为，只需要选中母版并右击，在弹出的快捷菜单中选择相应的命令即可，如图 2-92 所示。

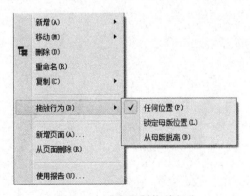

图 2-92　改变母版拖放行为

多学一招：取消母版遮罩

添加到页面中的母版会覆盖着一层粉色的遮罩，这是用来区分母版的，如图 2-93 所示。

若想取消遮罩，可以选中母版，执行"视图"→"遮罩"→"母版"命令，即可取消这层粉色的遮罩。同样，动态面板、图像热区等的遮罩也可以用"视图"→"遮罩"命令取消或显示，如图 2-94 所示。

图 2-93　母版遮罩

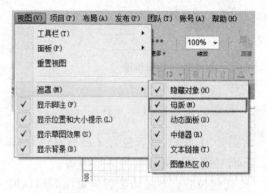

图 2-94　取消母版遮罩

第 3 章
需　求

学习目标

- 了解产品需求。
- 掌握进行产品需求分析及梳理的方法。
- 掌握撰写商业需求文档的方法。
- 掌握撰写市场需求文档的方法。

对于一个产品经理来说，产品需求分析也是非常重要的，只有对需求进行深入分析，才能够设计出满足市场和客户需求的产品，才能够帮助企业获取更多的利益。那么如何才能做好产品的需求分析呢？具体该怎么做呢？本章将对什么是需求、需求分析的方法以及需求的获取途径等相关知识进行详细讲解。

3.1　需求概述

一个需求的形成要经历一个严谨的流程。好的产品需求能帮助设计者准确地理解用户的需要和想法，设计出正确的产品。一个优秀的产品必定能满足大多数用户的某种需求。例如，淘宝满足了人们足不出户就可以购物的需求，美团满足了人们在家不用动手即可享受美味的需求。那么，什么是需求呢？本节就针对需求的本质进行讲解。

3.1.1　什么是需求

在了解需求之前，要先知道需要及欲望的含义。下面对需求和欲望进行简单介绍。

需要是指人在某些基本方面没有得到满足而产生的不足或短缺的感觉。例如一个人饿了就想吃东西，渴了就想喝水，这就是需要。

欲望是人的本性产生的，想达到某种目的的要求，比需要更加具体。例如一个人饿了想吃一顿海鲜大餐，渴了想喝鲜榨果汁，这就是欲望。

在互联网中，需求分为用户需求和产品需求。用户需求是用户由欲望驱使的利己倾向，是有能力实现的欲望。例如一个人想吃海鲜大餐，而且他有能力支付账单，则可称之为用户需求。产品需求则是要解决用户的问题，发掘用户的欲望，满足用户的需求。而从产品的角度来说，现在人的需求已经被最大限度地开发了，各种产品琳琅满目，若想在这些产品中脱颖而出，就需要挖掘用户的欲望。当用户的基本需求已经满足了以后，设计产品的人应该去寻找并不断地满足用户的欲望，而不应该仅仅局限于满足用户需求。

多学一招：如何描述用户需求

描述用户需求时有 3 个维度,即目标用户、使用场景、用户目标。简而言之,这 3 个维度就是"谁"在"什么情况"下想要解决"什么问题"。例如,一个白领刚下班便遭遇恶劣天气,想快速到家。"白领"就是目标用户,"下班遭遇恶劣天气"就是使用场景,"想快速回到家"就是用户的目标。

3.1.2　需求的本质

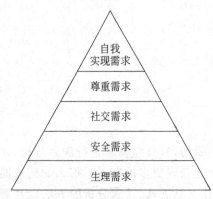

图 3-1　马斯洛需求层次理论

人们为了满足某种欲望,常常通过一些行为来达到目标,这些欲望就是需求的本质。化妆、锻炼、读书都是需求的表象,是满足需求的手段;而被赞美、变强壮、变聪明这些欲望就是需求的本质。根据马斯洛需求层次理论,人的需求分为 5 个层次:生理需求、安全需求、社交需求、尊重需求和自我实现需求,如图 3-1 所示。

对图 3-1 所示的 5 个层次的需求具体解释如下:

- **生理需求**:是级别最低、最具优势的需求,如食物、水、空气、性、健康。
- **安全需求**:同样属于低级别的需求,其中包括人身安全、生活稳定以及免遭痛苦、威胁或疾病等。
- **社交需求**:属于较高层次的需求,如对友谊、爱情以及归属感的需求。
- **尊重需求**:属于较高层次的需求,如成就、名声、地位和晋升机会等。尊重需求既包括对成就或自我价值的个人感觉,也包括他人对自己的认可与尊重。
- **自我实现需求**:这是最高层次的需求,包括对于真善美至高人生境界的需求。前面 4 个层次的需求都能满足以后,最高层次的需求方能产生,因此它是一种衍生性需求,如实现自我价值、发挥潜能等。

3.2　需求获取

用户研究的重点首先是研究用户的痛点,即用户尚未被满足而又渴望得到满足的需求;其次是研究用户的特征,如用户的年龄、性别以及相关的心理特点、行为特点等。那么,如何做用户研究呢?研究用户的方法有两种,分别是定性分析法和定量分析法,前者通常采用用户访谈的形式,后者通常采用调查问卷的形式。下面针对这两种用户研究的方法进行讲解。

3.2.1　用户访谈

用户访谈是获取用户需求的一种方式,通常采用围绕着一个特定的话题进行一对一的聊天形式,通过聊天发现用户需求。用户访谈经常发生在产品初期,从用户的角度出发,确定产品的研究方向。那么,如何进行用户访谈?用户访谈的流程是什么?下面对用户访谈的相关知识进行讲解。

1．用户访谈的方式

用户访谈的方式分为两种：一种是间接方式，即与其他熟悉目标用户或者与目标用户接触的人员（如同事、朋友等）协作，获取信息；另一种是直接方式，即直接与目标用户接触。值得注意的是，在用户访谈之前，一定要明确访谈的目的，并设计访谈的提纲，以便使用户访谈的各个环节顺利展开。

2．用户访谈流程

用户访谈一般包括以下 6 个环节：

（1）确定访谈形式。访谈形式一般包括面对面访谈、电话访谈等。如果是面对面访谈，访谈者需要考虑到自己的形象。一般，针对互联网产品的面对面访谈，着装可以较为随意，以便访谈者表现出较强的亲和力。

（2）明确访谈目的。访谈的目的也就是为什么要进行访谈，这是访谈的首要问题，产品经理需要在有明确目的的前提下与被访者进行沟通，从而挖掘被访者的特征和需求，以便更好地分析，从而得出结论。

（3）设计访谈提纲。明确访谈目的后，下一步就是编写访谈提纲。访谈提纲十分重要，它可以帮助访谈者控制节奏。有的被访者滔滔不绝，如果没有一条主线，很可能访谈会被带偏。它还可以让被访者感受到被尊重。

（4）用户筛选和邀请。在邀请用户时，尽可能根据产品本身的需求程度邀请相关的用户，且选择用户熟悉的场景进行访谈，这样可以让用户更加放松，信息准确度更高。值得注意的是，访谈前要通过电话确认用户是否能准时参加，以免出现到了约定时间用户不到场的尴尬场面。

（5）现场访谈。在开始真正访谈之前，可以先说明自己的身份、访谈的目的、希望用户扮演的角色等，这样做能在一定程度上避免在访谈中跑题。如果用户明显跑题或有欺骗性的回答时，则可以根据情况提前结束访谈，以免浪费时间。

（6）结果汇总与分析。完成访谈后，要根据访谈内容进行分析，得出访谈的结论，例如，用户遇到了哪些问题，为什么会遇到这些问题，我们的产品该如何解决此问题，等等。

3．访谈提纲的设计原则

访谈提纲可以围绕现状、痛点、方案三大问题进行设计。

（1）现状：现在是如何做的？

（2）痛点：遇到了什么困难？

（3）方案：如何解决目前的困难？

多学一招：访谈时需要注意的问题

- 语言表达简单明了，尽量少用专业词汇。被访者一般对专业词汇了解较少，过多的专业术语容易变成访谈的绊脚石，进而使被访者变得不耐烦。
- 在访谈过程中，可根据访谈的具体需要调整提纲上的问题。
- 要留心被访者的回答，密切关注被访者回答问题的方式。对话时，应保持自然，避免直接按照提纲来提问。
- 访谈的目的是收集对产品有用的信息，可以根据访谈情况进行追问。

阶段案例：用户访谈记录表

用户访谈前后都需要填写访谈记录表，包括项目名称、访谈目的、访谈方式、访谈的时间和地点以及被访者的基本信息等。访谈记录表最重要的一部分是用户的现状、痛点及解决方案。用户访谈记录表的模板如图 3-2 所示。

用户访谈记录表

访谈项目名称：					
访谈目的					
访谈方式：（ ）电话　　（ ）面对面　　（ ）其他					
访谈时间		地点		记录人	
被访者		性别		年龄	
用户现状					
用户痛点					
用户解决方案					
用户需求					
产品需求					

图 3-2　用户访谈记录表

注意：访谈前要明确访问的主题和目的，准备好采访的问题；在访问中要认真做好记录，听取访问对象的意见和建议；访问后要及时整理采访记录，认真填写用户访谈记录表。

3.2.2　调查问卷

调查问卷又称调查表或询问表，是以问题的形式系统地记载调查内容的一种方式。设计问卷是调查的关键。良好的问卷必须具备两个功能，即能将问题传达给被访者和使被访者乐于回答。要完成这两个功能，设计问卷时应当遵循一定的原则和流程，运用一定的技巧。下面针对问卷设计的原则和流程进行讲解。

1. 调查问卷的发放方式

在了解调查问卷设计的原则和流程之前，要了解调查问卷的发放方式。调查问卷可分为纸质调查问卷和网络调查问卷。纸质调查问卷就是传统的调查问卷，调查公司通过雇人来分发这些纸质调查问卷并回收答卷。这种形式的调查问卷成本比较高。网络调查问卷比纸质调查问卷更方便。在互联网时代，出现了越来越多的在线调查网站，如"问卷星""问卷网"等均为设计网络调查问卷的网站，如图 3-3 和图 3-4 所示。

图 3-3　"问卷星"网站

2. 调查问卷的设计流程

调查问卷的设计流程如下：

（1）规定设计调查问卷所需的信息。有助于使调查问卷内容条理化、具体化，进而使被访者详细地了解本调查问卷的目的和内容，配合调查，以便调查者获得有用的信息。

（2）搜集资料。设计调查问卷时，不能凭空想象，若想把调查问卷设计得较为完善，调查者需要了解更多的东西。搜集资料可以帮助调查者了解受访者的经历、习惯、文化水平以及对调查问卷内容所涉及的知识的了解程度等。

（3）确定每个问题的内容。每个问题是什么，调查问卷应包括哪些问题，是否全面与切中要害。

图 3-4 "问卷网"网站

3. 调查问卷的设计原则

调查问卷的设计原则如下：

（1）每个问题只涵盖一个观念，以免作答者顾此失彼。例如，"当你遇到挫折时，你是否会努力不懈而且尝试用新的方法去解决？"这个句子就涵盖了"努力不懈"及"尝试用新的方法"两个观念，因此最好将其改为两个句子："当你遇到挫折时，你是否会努力不懈去解决？"以及"当你遇到挫折时，你是否会尝试用新的方法去解决？"

（2）不用假设或猜测的语句。例如，"假如你有 200 万元人民币，你会投身公益事业吗？"对于这种假设性的问题，因为作答者有非常大的想象空间，以至于所得的结果不易归纳和解释，在实际应用上价值并不高。

（3）先易后难。问题的排列应有一定的逻辑顺序，如先易后难、先具体后抽象，这样比较符合作答者的思维习惯。如果第一个问题就是"你对这个 App 有什么意见或建议？"这会让作答者毫无头绪，从而放弃作答。

（4）语言通俗易懂。问题的表达应力求清楚明了，不要造成作答者误解。语言也要简单易懂，符合作答者的理解能力和认知能力，避免使用专业术语，尽量使作答者能节省作答的时间。

（5）控制问卷的长度。句子避免过长，通常作答者在填写调查问卷时，都不希望花太多的时间。假如问卷的问题简单清楚、一目了然，作答者的配合度就会较高；反之，若问题复杂又冗长，作答者有可能会应付了事。回答问卷的总时间应控制在 20min 左右。

阶段案例：如何设计调查问卷

调查问卷在形式上由 6 部分组成：问卷标题、导语、被调查者基本信息、主体内容、结语和调查基本信息，如图 3-5 所示。

（1）问卷标题。应遵循明确、简洁的原则。例如，"关于洗车频率、价格、方式的调查问

问卷标题

导语

被调查者
基本信息

主体内容

结语

调查基本信息

图 3-5　调查问卷的组成部分

卷"就可以改为"洗车调查问卷"。

（2）导语。对问卷中的一些问题进行介绍，让作答者对下面的问题有心理准备，以避免被调查者对问题出现理解不清的状况。导语的内容主要包括调查者的身份、此次问卷调查的目的等。

（3）正文部分。是问卷的主体。

（4）被调查者基本信息。通常包括性别、年龄、职业等。

（5）结语。通常要对调查者表示感谢。

（6）调查基本信息。包括调研时间、调查地点、调查对象、调查人员等信息。

为了节省设计调查问卷的时间，本案例使用"问卷网"的模板来设计洗车调查问卷，如图 3-6 所示，只要在模板中添加或删减内容即可。

3.2.3　在竞品分析中获取需求

设计任何一款产品之前，都要检验该产品是否顺应潮流。只有顺应潮流的产品才能存活下来，取得成功。若想验证产品是否顺应潮流，可以从竞品分析入手。本节针对竞品分析进行讲解。

1. 什么是竞品分析

竞品是指竞争产品，即竞争对手的产品。竞品分析从本质上说是一种比较研究法。简单地说，竞品分析就是先找出竞争对手的同类产品，再对其进行比较和分析。

对产品进行竞品分析可以随时了解竞争对手的产品和市场动态；可掌握竞争对手资本背景、市场用户细分群体的需求满足现状和空缺市场，以保持自身产品在市场中的稳定性，

图 3-6   "问卷网"的洗车问卷调查模板

并且快速提升市场占有率。下面将针对竞品分析的相关知识进行讲解。

2．竞品分析目标

竞品分析伴随着产品的诞生以及发展壮大的全过程。竞品分析用于分析竞争产品的战略，梳理自身产品的脉络以及寻求获得新切入点，以明确和形成自身产品的核心竞争力，最终达到占领市场的目的。竞品分析的目标主要有以下几方面：

（1）了解竞争对手，同时发现潜在的竞争对手，其目的是借鉴长处、规避短处。

（2）确定市场切入点，验证以前的方向是否正确。

（3）进一步认识用户需求，把握用户需求的功能点和界面结构以及用户的使用习惯。

3．竞品分类

竞品可以分为 3 类，分别是直接竞品、间接竞品和潜在竞品，具体介绍如下。

直接竞品指的是市场上和要开发的产品有相同的定位、方向目标、产品功能、用户需求、客户群体的产品。对直接竞品进行分析，可以从中借鉴这些产品的优点，避免出现同类产品的不足之处。例如，QQ 音乐、酷我音乐、网易云音乐就属于直接竞品，如图 3-7～图 3-9 所示。

图 3-7   QQ 音乐   图 3-8   酷我音乐

图 3-9   网易云音乐

　　间接竞品指的是各自的着重功能点不一样,但具有某些相似功能的产品。间接竞品会降低要开发的产品的使用率。对间接竞品进行分析,可以帮助设计者对要开发产品的功能优先级进行排序,并确定产品要突出的功能。例如,拼客顺风车和滴滴出行属于间接竞品,如图 3-10 和图 3-11 所示。

图 3-10　拼客顺风车

图 3-11　滴滴出行

　　潜在竞品指的是竞争者在行业利润达到一定规模时可能进入市场并利用其现有资源对竞争格局产生重大影响的产品。研究这类产品,有助于预先提防它们的进入或者提前避开它们的切入点。例如,陌陌和微信互为潜在竞品。陌陌是一款基于位置服务的实时通信产品,如图 3-12 所示;微信是以熟人社交为基础的实时通信产品,如图 3-13 所示。虽然产品目标不同,但很可能会由潜在竞品向直接竞品转化。

图 3-12　陌陌

图 3-13　微信

4. 竞品分析的维度

　　竞品分析可以从以下几个维度进行:战略层、范围层、结构层、框架层、表现层,如图 3-14 所示,这些维度也是随着产品开发阶段的演进而发展的,具体介绍如下。

　　(1)战略层:指产品的目标、定位以及优势的对比。

　　(2)范围层:指产品的主要功能以及功能数据分析(各功能的用户活跃数据)。

　　(3)结构层:指信息流程、页面层级、界面布局。

　　(4)框架层:指交互设计,即产品页面的布局、导航等。

　　(5)表现层:指视觉设计,也就是配色方案或布局风格上给用户带来的感受。

　　注意:竞品分析并不是只在某个特定阶段做一次,而是在整个项目开发过程的每一个阶段(如收集需求时、功能优化时及迭代时)都要做。

　　通过用户访谈、调查问卷以及竞品分析,会收集到一些用户需求。需要将这些用户需求

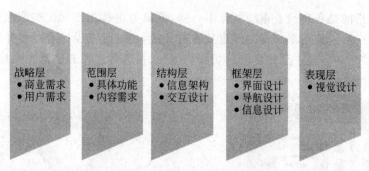

图 3-14　竞品分析的维度

汇总到一张表格里,将这个表格称为需求列表(也称需求池)。需求列表模板如表 3-1 所示。将用户需求汇总至需求列表后,再对列表中的用户需求进行分析,进而得出产品结构图(相关知识详见第 4 章)。

表 3-1　需求列表模板

提交时间	提交人	面向对象分类	需求描述	需求来源	功能描述	功能类型	需求优先级
2017	老王	用户需求	省心、省时	用户访谈	上门服务	新增需求	低

多学一招:构建用户角色

在做用户研究之前,要先构建用户角色。用户角色是对产品目标群体真实特征的勾勒。构建用户角色最主要的目的就是尽可能减少主观臆测,理解用户真正的需要,从而确定产品的定位及方向。

用户角色一般会包含一些个人基本信息(如姓名、照片、职业、年龄、所在地、性格、家庭情况、爱好等),还包括对未来计划、痛处、过往经历、当前状态等的描述,甚至包括对与产品使用相关的具体情境、用户目标或产品使用行为的描述等,如图 3-15 所示。一个产品大概需要 3~7 种用户角色。

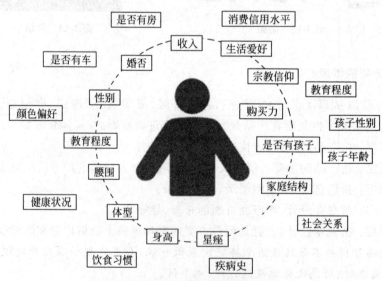

图 3-15　用户角色包含的描述信息

阶段案例：如何编写竞品分析报告

在竞品分析报告中要包含报告的基本信息（如标题、报告人、报告日期及版本记录）、目录以及正文，如图 3-16 和图 3-17 所示。其中，正文应根据目录编写。

洗刷刷竞品分析报告

报告人：_____

报告日期：_____

版本记录：

日期	作者	修订记录

图 3-16　洗刷刷竞品分析报告的基本信息

目录

一、　项目背景 1
二、　竞品对象 2
　1. 直接竞品 2
　2. 间接竞品 4
　3. 潜在竞品 5
三、　竞品分析 7
　1. 战略层 7
　2. 范围层 8
　3. 结构层 9
　4. 框架层 11
　5. 表现层 12
四、　总结 15

图 3-17　洗刷刷竞品分析报告的目录

3.3 需求分析

在获取了用户需求后,需要对这些用户需求进行分析。需求分析是从用户提出的需求出发,挖掘用户真正的需求并转化为产品需求的过程,如图 3-18 所示。

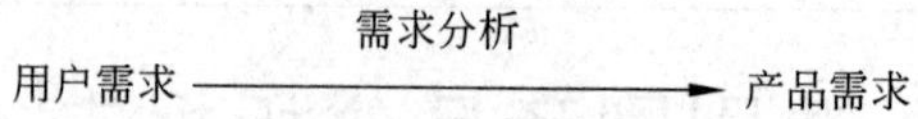

图 3-18   需求分析

那么,如何对用户需求进行分析呢？本节将对用户需求的相关知识和需求的场景进行讲解。

1. 用户需求

了解了什么是用户的表面需求,才能分析出用户的本质需求,进而分析出产品需求,如图 3-19 所示。下面对用户的表面需求、用户的本质需求和产品需求进行讲解。

图 3-19   3 种需求的关系

用户的表面需求是指用户当前想要的。用户经常从自身角度出发得出问题的解决方案,因此用户的大多数建议并不是某项功能的最好实现方式。如果根据用户的表面需求来设计产品,很可能会出现"头痛医头,脚痛医脚"的情况。

用户的本质需求是指用户实际需要的,即用户想解决的根本问题。获得用户的本质需求,才能找出合理的方案来解决用户的问题。

依据用户的本质需求得出的解决方案可以理解为产品的一个功能或一项服务。产品经理首先需从用户那里收集反馈信息,分析用户的表面需求,得到用户的本质需求,再根据用户的本质需求进行产品功能规划。这些待实现的产品功能对于产品来说就是产品需求。

2. 场景

需求一般是在某个特定的场景下才会产生的,场景通常是时间、地点、人物、环境和事件的组合。例如,一个成人要理发,但他并不想出门,这就是一个简单的场景。产品经理获取该需求后,考虑是否设计一款上门理发的产品,此时只要考虑用户的真实使用场景即可。一方面,发型设计师需要将烫染工具全部运到用户家里,发型设计师费心、费时、费力;另一方面,设计完发型后,用户家里又是一片狼藉,且人身安全得不到保障。而针对婴幼儿的特殊性(如恐惧陌生环境、孩子太小或天气冷不能出门),若提供一款面向婴幼儿的上门理发产品,就会比面向成人上门理发产品受欢迎。把场景想清楚,需求就会一目了然,同样是上门理发,但本质却完全不同。

因此,在分析需求的时候,必须考虑用户的真实使用场景,这样才能对用户需求做出精准的判断,同时也能设计出更完善的功能。

3.4　需求梳理

对需求进行分析以后,就需要对这些需求进行梳理。通过对需求进行梳理,可以更加深入地理解用户需求以及需求和产品之间的关系,同时也可以更准确地评估产品的可行性以及功能优先级。本节将针对需求筛选和产品可行性分析进行讲解。

3.4.1　需求筛选

需求筛选的目的在于对需求的优先级进行排序,例如哪些需求是必须满足的,哪些需求是可以延迟满足的,而哪些需求又是可以不需要满足的。

需求筛选从以下几方面着手。

1. 是否满足用户的本质需求

用户提出的需求往往是表面需求。例如,用户说想要一匹更快的马,但其本质需求则是需要一个更快的交通工具。因此,在设计产品时,要给用户一个更快的交通工具,而不是一匹更快的马。

2. 技术是否能实现

产品实现时可能会有技术限制,如果用户提出的需求在技术上不能实现,就属于无效的需求。

3. 开发成本是否可控

如果用户提出的某项需求所需要的人力成本、时间成本太高,代价太大,可能会造成产品不能按期实现,则这项需求可以直接排除。

4. 确定需求优先级

分析需求优先级时,常常用到 KANO 模型,如图 3-20 所示。KANO 模型是东京理工大学教授狩野纪昭(Noriaki Kano)提出的用户需求分类和优先级排序工具,以分析用户需求对用户满意度的影响为基础,体现了产品性能和用户满意度之间的非线性关系。根据不同类型的质量特性与用户满意度之间的关系,狩野纪昭教授将产品服务的质量特性分为基本型需求、期望型需求、兴奋型需求、无差异型需求、反向型需求 5 类。

(1)基本型需求。也称为必备型需求、理所当然需求,是用户对企业提供的产品或服务因素的基本要求,是用户认为产品必须有的属性或功能。当其特性不充足(不满足用户需求)时,用户很不满意;当其特性充足(满足用户需求)时,用户也可能不会因而表现出满意。对于基本型需求,即使超过了用户的期望,用户充其量只会感到满意,不会对此表现出更多的好感;然而,只要稍有疏忽,未达到用户的期望,则用户满意度将一落千丈。对于用户而言,这些需求是必须满足的、理所当然的。例如 12306 网站的订票服务。

(2)期望型需求。也称为意愿型需求,是指用户的满意状况与需求的满足程度成比例关系的需求。此类需求得到满足或表现良好的话,用户满意度会显著提高,企业提供的产品和服务水平超出用户期望越多,用户的满意度越高;此类需求得不到满足或表现不好的话,用户的不满也会显著增加。例如 12306 网站在订票的前提下可以对座位进行选择,就可以理解为期望型需求,若没有这个功能,用户可能会感到失望。

(3)兴奋型需求。是指不会被用户过分期望的需求。一旦此类需求得到满足,即使表现并不完善,用户表现出的满意度则也是非常高的;反之,即使在期望不满足时,用户也不会表现出明显的不满意。还是以 12306 网站为例,用户可以火车上点外卖,这可以理解为兴奋性需求,用户使用这个功能时会感到惊喜。

(4)无差异型需求。此类需求不论满足与否,对用户体验均无影响,它们不会导致用户满意或不满意,例如 12306 网站的中铁 e 卡(手机卡)业务。

(5)反向型需求。又称逆向型需求,由于并非所有的用户都有相似的喜好,因此在提供某些需求后,一些用户的满意度反而会下降。例如,一些用户喜欢高科技产品,而另一些用户更喜欢普通产品,过多的额外功能会引起后一类用户不满。

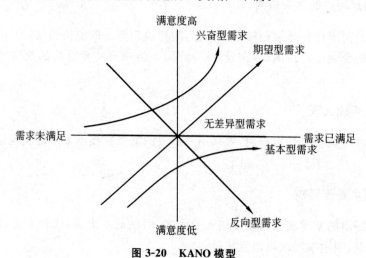

图 3-20   KANO 模型

3.4.2   产品可行性分析

产品可行性分析是对产品市场需求、资源供应、建设规模、环境影响、资金筹措、盈利能力等从技术、经济、社会等方面进行调查研究和分析比较,从而给出产品的建设性意见,为产品决策提供依据。

产品可行性分析包括技术可行性分析、经济可行性分析和社会可行性分析 3 方面,如图 3-21 所示。

1. 技术可行性分析

在研究了市场需求之后,还应该结合企业团队的技术能力综合考虑,看产品能否满足市场中的某些需求,有设计价值。

进行技术可行性分析时要考虑以下 3 个问题:

(1)技术风险及规避方法。对可能用到的技术进行全面分析,评估技术上是否有解决不了的问题,并确定规避方法。

(2)技术要求。主要分析产品赖以生存的关键技术的生命周期及存在的替代技术。

(3)产品环境依赖性。产品是否依赖于第三方平台、环境。例如,有的平台规定只支持IE、火狐、360浏览器,不支持其他浏览器。

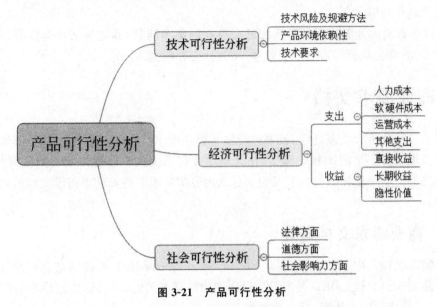

图 3-21　产品可行性分析

2. 经济可行性

开发产品或者进行投资时,支出必然放在首位,只有考虑了支出和收益,才能够制订可行性计划。

关于支出要考虑以下 4 点:

(1)人力成本。产品调研、分析、设计、开发、测试、运维等需要多少人力,多长时间,每个人月的平均成本是多少。

(2)运营成本。产品投放市场后的推广、营销成本和广告成本等。

(3)软硬件成本。产品生产及上线需要购买的软件和硬件,如数据库、开发工具、第三方软件、服务器、路由器、网络等成本。

(4)其他支出。公司运营的成本,办公成本、工位成本等。

关于收益要考虑以下 3 点:

(1)直接收益。产品的销售收益,如 OA 产品,当用户购买后就会产生一次收益。

(2)长期收益。多长时间能收回收益,每个月的收益率是多少,可能产生的收益波动,等等。

(3)隐性价值。通过产品的开发可能带来的其他价值,如口碑、好评、行业地位、流量等。

3. 社会可行性

一个好的产品除了要符合法律和道德外,应该恰好出现在市场需要它的时候。如果商机把握不准,必然造成人力、财力的损失,不会给企业带来任何利益。

进行社会可行性分析时,要考虑法律、道德和社会影响力 3 个方面。

(1)法律方面。产品不能触犯法律,否则产品不会走远,如赌博类产品等。

(2)道德方面。产品要否符合道德标准及大众审美,否则就不会被大众所接受,如传播社会负能量的产品等。

(3)社会影响力方面。产品要解决社会存在的某类问题,并能带来社会价值。通过产品的推广,产品将会给公司带来社会效益,增强社会影响力。

3.5 商业需求文档

对需求进行分析和梳理之后,就要进行撰写商业需求文档了。商业需求文档是在立项之前产品经理所要产出的产物。那么,什么是商业需求文档? 商业需求文档是写给谁的? 商业需求文档是用来做什么的? 它又包含什么内容呢? 本节将对商业需求文档的相关知识进行讲解。

3.5.1 商业需求文档概述

商业需求文档简称 BRD(Business Requirement Document),指的是基于商业目标或价值描述产品需求的文档。BRD 是产品生命周期中最早产出的文档,通常是供决策层讨论的演示文档,一般比较短小精悍,没有产品细节。

3.5.2 商业需求文档的汇报对象

对不同的企业,BRD 的决策层不同。产品经理在日常产品管理过程中,通过一系列的市场分析或调查,掌握了一个潜在的、未被满足的大量用户需求,而这些需求背后映射了一个广阔的市场空间。产品经理在撰写 BRD 后,将向下面几种类型的决策者汇报:

(1)资本型决策者。以 CFO(首席财务官)、财务总监等为主。因为对财务来说,最好的方式就是只有利润没有成本。在 BRD 中,要专门针对这一方面做一份详细的报告。通常而言,做一个互联网项目,主要的投入在于人力成本、运营或营销成本、时间成本、软硬件成本和环境成本。如果只给出成本计划,财务型决策者肯定不会马上同意,一定要明确给出收益预测。而有时候项目关注的不是短期效益,更多的项目在初期通常不大可能获得较高效益,这就需要在报告中体现出长远的效益预测。

(2)市场型决策者。以市场总监、运营总监等为主。市场型决策者最关注以下几个方面:

- 有没有成熟的推广渠道。有成熟的推广渠道,营销工作就容易开展;如果没有,项目难度就会大增,甚至有可能根本无法落实。
- 有没有竞争对手,外部环境如何。外部环境通常指行业环境、市场环境和政策环境。越成熟的市场环境,对新兴项目越不利;而越紧缩的政策环境,也对项目越不利。
- 有没有营销资源,市场占有情况如何。市场占有情况就是要看产品有多大的市场份额。
- 市场空间有多大。市场空间和市场占有情况相似。

（3）研发型决策者。也叫技术支持型决策者，以首席技术官为主。大多数产品经理并不具备很强的技术研发功底。在 BRD 中，研发部分可尽量简化表达，目的只有一个，让研发型决策者充分理解该项目的主要功能模块是什么类型即可。

（4）战略型决策者。主要是董事长、CEO（首席执行官）、COO（首席运营官）或直属副总裁。公司的 VP 或 COO 通常不特别注重短期效益，也不仅关注单一的经济效益，还关注是否是潜在市场或新兴市场，是否有长期投资的价值，未来的趋势是否很好，风险是什么，等等。

3.5.3 商业需求文档的用途

要确定商业需求文档的内容，就要先理解商业文档的用途。商业需求文档应该回答以下问题：

（1）是什么。即做的什么产品，解决了用户的哪些诉求。

（2）为什么。提出商业背景、竞品分析、市场机会。

（3）如何做。对产品进行规划。

（4）需要什么资源。

（5）能得到什么。列举商业收益，如用户、资金、流量等。

（6）投入产出比。列举目前的风险、能力与资源。

综上所述，商业需求文档核心的用途就是在产品投入研发之前，作为企业高层决策评估的重要依据。因此商业需求文档的内容和格式要求直观、精炼、要点突出，必须让高层明白产品将展现出怎样的商业价值，用有力的论据来说服企业高层认可这个项目，并为之投入研发资源及市场费用。

3.5.4 商业需求文档的内容

商业需求文档中通常包含基本信息（如文档状态、当前版本、作者等，如图 3-22 所示）和内容信息。为了方便查看，通常会生成一个目录，且以 PPT 的方式呈现，如图 3-23 所示。

文档状态：		文档标识：	
[√] 草稿		当前版本：	
[ ] 正式发布		作 者：	
[ ] 正在修改		完成日期：	2010-01

图 3-22 商业需求文档基本信息

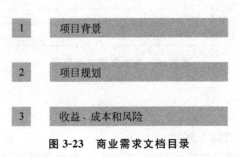

1	项目背景
2	项目规划
3	收益、成本和风险

图 3-23 商业需求文档目录

阶段案例：如何撰写商业需求文档

本案例利用 Word 制作一个商业需求文档的模板。图 3-24 和图 3-25 为商业需求文档的基本信息和目录。按照目录填充内容之后即成为完整的商业需求文档。

洗刷刷商业需求文档

文档状态：	当前版本	
( ) 草稿	作者	
( ) 已完成	日期	
( ) 正在修改	备注	

版本记录：

版本	作者	参与者	起止日期	备注

图 3-24   商业需求文档基本信息

目录

一、 项目背景 1
 1. 行业现状 2
 2. 用户需求 2
 3. 行业市场规模 4
 4. 行业盈利模式 5
 5. 竞争格局 7
二、 核心需求 8
三、 收益、成本和风险 10
 1. 项目收益预估 10
 2. 项目成本估算 12
 3. 项目风险与对策 13

图 3-25   商业需求文档目录

1. 项目背景

在项目背景部分应说明以下问题：

（1）行业现状。说明项目提案的原因,概述本行业的现状及问题。

（2）用户需求。列出用户需求以及如何满足这些用户需求，说明这些用户的特征是什么，以及满足了用户需求会有什么样的客户价值。

（3）行业市场规模。阐述国内外本行业的市场状况，如市场规模、发展趋势、环境变化等。

（4）行业盈利模式。简要叙述本行业的产品依靠什么手段盈利。

（5）竞争格局。简要说明市场上是否有同类或相似的竞争对手。若有，那么这些竞争对手的优势和市场占有状况如何。

2．核心需求

本部分要阐述产品的核心需求。产品的核心需求是指用户真正要获得的利益，即产品的使用价值。

3．收益、成本和风险

在本部分要说明以下问题：

（1）项目收益预估。阐述项目可以带来的收益。

（2）项目成本估算。简要说明项目实施所需要的人力和财力，汇总为项目成本估算表，如表 3-2 所示。

表 3-2　项目成本估算表

职 能 岗 位	人　　数	费　　用
研发		
设计		
运营		
市场		
其他费用		
总费用		

（3）项目风险与对策。阐述项目的内部风险和外部风险以及应对的策略。

3.6　市场需求文档

3.6.1　市场需求文档概述

市场需求文档，简称 MRD（Market Requirement Document），该文档在产品项目过程中属于过程性文档，由产品经理或者市场经理编写。

3.6.2　市场需求文档的作用

市场需求文档是产品项目由准备阶段进入实施阶段的第一个文档，它在产品项目中起承上启下的作用，向上是对不断积累的市场数据的一种整合和记录，向下是对后续工作的方向说明和工作指导。这个文档的质量直接影响到产品项目的开展，并直接影响到公司产品战略的实现。

3.6.3　常用的两大产品分析法

撰写市场需求文档时往往需要对产品进行分析。对产品进行分析。最常用的方法有两种，分别是 SWOT 分析法和 PEST 分析法，具体讲解如下。

1. SWOT 分析法

SWOT 分析法就是将与研究对象密切相关的内部的优势、劣势和外部的机会、威胁等通过调查列举出来并加以分析。运用这种方法，可以对研究对象所处的情景进行全面、系统、准确的研究，从而根据研究结果制订相应的发展战略、计划以及对策等。SWOT 分析法常常用于制定集团发展战略和竞品分析，是最常用的方法之一，具体解释如下。

（1）S(Strength)是优势，是企业的内部因素，具体包括有利的竞争态势、充足的财政来源、良好的企业形象、技术力量、规模经济、产品质量、市场份额、成本优势、广告攻势等。

（2）W(Weakness)是劣势，也是企业的内部因素，具体包括设备老化、管理混乱、缺少关键技术、研究开发落后、资金短缺、经营不善、产品积压、竞争力差等。

（3）O(Oppotunity)是机会，是企业的外部因素，具体包括新产品、新市场、新需求、外国市场壁垒解除、竞争对手失误等。

（4）T(Threat)是威胁，也是企业的外部因素，具体包括新的竞争对手、替代产品增多、市场紧缩、行业政策变化、经济衰退、客户偏好改变、突发事件等。

按照企业竞争战略的完整概念，战略应是一个企业能够做的（基于内部的优势和劣势）和可能做的（基于外部的机会和威胁）的有机组合，如图 3-26 所示，若遇到 WT（威胁和劣势）组合，则应换个方向考虑产品。

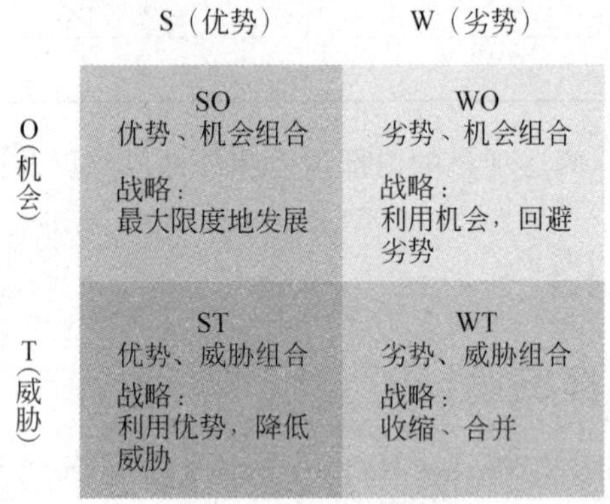

	S（优势）	W（劣势）
O（机会）	SO 优势、机会组合 战略： 最大限度地发展	WO 劣势、机会组合 战略： 利用机会，回避劣势
T（威胁）	ST 优势、威胁组合 战略： 利用优势，降低威胁	WT 劣势、威胁组合 战略： 收缩、合并

图 3-26　SWOT 分析法

2. PEST 分析法

PEST 分析是指宏观环境的分析。宏观环境又称一般环境，是指影响一切行业和企业的各种宏观力量。主要通过政治（Politics）、经济（Economy）、社会（Society）、技术（Technology）4 个方面把握宏观环境，因此称这种方法为 PEST 分析法。公司战略的制订离不开宏观环境，而 PEST 分析法能从各个方面较好地把握宏观环境的现状及变化的趋势，有利于企业对生存发展的机会加以利用，对宏观环境可能带来的威胁及早发现和避开。

下面分别对政治环境、经济环境、社会环境和技术环境进行讲解。

(1) 政治环境。指一个国家或地区的政治制度、体制、方针政策、法律法规等因素。这些因素常常影响企业的经营行为，尤其是对企业长期的投资行为有较大影响。

(2) 社会环境。主要指企业所在社会中成员的民族特征、文化传统、价值观念、宗教信仰、教育水平以及风俗习惯等因素。

(3) 技术环境。指企业业务所涉及的技术水平、技术政策、新产品开发能力以及技术发展的动态等。

(4) 经济环境。指企业在制定战略过程中必须考虑的国内外经济条件、宏观经济政策、经济发展水平等因素。

阶段案例：如何撰写市场需求文档

市场需求文档和商业需求文档一样，主要包含文档的基本信息和内容信息。文档的基本信息如图 3-27 所示。内容信息一般分为六个方面，如图 3-28 所示。

市场需求文档

产品名称：

撰写人：

撰写日期：

文档接收人：

日期	修订版本	修改人	核定人

图 3-27　市场需求文档基本信息

目录

1. 背景 3
2. 文档介绍 3
   2.1 文档目的 3
   2.2 内容概要 4
3. 市场分析 4
   3.1 目标市场 4
   3.2 市场定位 4
   3.3 目标市场现状 4
   3.4 市场趋势 4
   3.5 市场问题、机会、壁垒 4
4. 用户分析 5
   4.1 目标用户 5
   4.2 目标用户群体和特征 5
   4.3 用户角色 5
   4.4 使用场景 6
   4.5 用户需求 6
5. 竞品分析 6
   5.1 市场及战略分析 6
   5.2 用户分析 7
6. 产品分析 7

图 3-28　市场需求文档目录

1. 背景

本部分描述项目的背景，一般通过对本行业进行调研取得社会环境、技术环境等信息。例如下面是某健康医疗项目的社会环境。

> "健康中国"上升为国家战略，被列入"十三五"重点规划。而预防胜于治疗，也是医疗行业的共识。由于国家的大力推广，以及人们对健康的重视程度逐步提高，健康管理机构如雨后春笋般，由 2008 年的 300 家迅速增加到 2017 年的 7000 家。这些健康管理机构又迫切需要大量高质量信息化系统的支持。
>
> 中国大健康产业整体规模是 8 万亿元，参照美国大健康产业的市场细分比例，中国健康管理市场规模达 8800 亿元。健康管理机构的信息化投入约占 28%，即 2500 亿。

2. 文档介绍

本部分包括以下两个方面：

（1）文档目的。简述该文档的目的是什么，想表达什么。例如，下面是某健康医疗项目市场需求文档的目的。

> 本文档用于说明健康管理市场的现状、趋势、问题和壁垒，同时对健康管理市场的目标用户群体及竞品进行分析，研究公司是否要进入此市场以及如何切入此市场，确定产品目标和核心功能，并完成产品路线和产品结构规划。

（2）内容概要。简明扼要地写出文档的内容。例如，某健康医疗项目市场需求文档的内容概要如下：

本文档包括市场分析、用户分析、竞品分析和产品分析四大部分。

3．市场分析

本部分应说明以下几个问题：

（1）目标市场。简要说明项目的目标市场。例如，某健康医疗项目的目标市场为"健康管理系统"。

（2）市场定位。描述项目的市场定位。例如，某健康医疗项目的市场定位为"为健康管理机构提供全面、实用的健康管理系统"。

（3）目标市场现状。通过对目标市场的调研，得出目标市场的现状。例如某健康医疗的目标市场现状如下：

健康数据现在越来越重要。健康数据是形成健康档案的基础，是平台进行个性化推荐的分析原料。健康数据包含用户的体检报告数据、健康评测数据、运动数据、饮食数据、体征数据。现阶段对平台来讲较为真实、有效的数据为体检报告数据和体征数据。体检报告数据最为重要，也最为真实、可靠，但是需要平台与医院体检系统深度对接才能获得。另外，用户自行通过健康设备（血压检测仪、血糖检测仪、尿常规检测仪等）上传的体征数据也比较可靠。平台不能单纯地展示这些数据，这样对用户毫无吸引力。多数平台会对这些数据进行一些统计分析，分析的维度有历次数据的对比及趋势预测、平均值、极值、疾病风险、健康建议等。

（4）市场趋势。根据 PEST 分析法分析市场趋势。例如，以下是某健康医疗项目的市场趋势分析：

P（政策因素）：分级诊疗制度逐渐推进。2016 年 3 月，《国务院办公厅关于促进医药健康发展的指导意见》明确规定：①推动医生多点执业；②提升基层医疗机构的服务能力；③加快落实分级诊疗。2016 年 12 月，《关于发挥医保调节作用推进本市分级诊疗制度建设有关问题的通知》规定 6 项新增措施以推进分级诊疗制度。

E（经济因素）：互联网创业投资遇冷，市场趋于理性。2016 年，新增创业公司数量同比减少了 77%，大幅跳水。创业公司获投数量同比减少 26%，疯狂投资阶段已过，市场趋于理性，投资者更为谨慎。给用户带来的价值和盈利点成为投资者的重点关注指标。

S（社会因素）：医疗资源总量不足。截至 2015 年，全国的医生总数为 300 多万人，每千人口执业医师仅有 2.21 人，而人群就诊次数为 5～6 次。中国在卫生总费用超过 4 万亿元，占 GDP 的 6%，虽然比 2010 年的 4.9% 有所提升，但仍只占很小比例。

T（技术因素）：大数据技术和 AI 释放了医生的一部分精力。医疗领域的第三方服务积极探索和推进大数据技术的应用，并通过 AI 部分代替医生对基础、常见病历的识别、分析和决策。

（5）市场问题、机会、壁垒。根据 SWOT 分析法对市场进行分析，进而得出结论。例如，某健康医疗项目的问题、机会及壁垒如下：

内部环境 外部环境	优势(S) 完整的技术支持 大数据与 AI 的完美结合 成熟的健康管理知识库	劣势(W) 缺少成熟的案例 与业务机构脱节
机会(O) 国家鼓励医疗健康行业的发展, 大量相关的扶持政策相继出台。 人们健康意识逐步提高	SO 战略 充分利用技术等优势,响应国家 号召,迅速占领部分市场	WO 战略 加深对健康管理系统业务的了解 提高健康管理系统业务推广能力
威胁(T) 传统医疗公司逐渐投入健康管 理行业 大批创业者加入健康管理行业, 加剧了竞争	ST 战略 以技术优势弥补业务逻辑上的 不足 通过 AI 和大数据技术完善健康 管理知识库	WT 战略 通过差异化来避免与传统医疗 公司 通过完善公司股权制度来鼓励更 多的人才加入

4. 用户分析

本部分要说明以下几个问题:

(1)目标用户。简要描述项目的目标用户。例如,某健康医疗项目的目标用户如下:

- 有一定专业知识的医师群体。
- 对身体状态较为关心的中年群体。
- 有慢性病的中老年群体。

(2)目标用户群体和特征。简述目标用户群体及其特征。例如,某健康医疗项目的目标用户群体及其特征如下:

- 健康管理师群体:具有专业的健康保健知识,熟悉医疗信息化,会使用信息系统。
- 患者群体:一般以中年人为主,对自身的身体状况比较在意。还有部分老年人,由子女帮忙预约,定期做全面体检。

(3)用户角色。列出几个虚拟的用户角色,使文档变得更加有理有据。例如,某健康医疗项目的用户角色如下:

角色一

姓名:陈烨

性别:女

年龄:35 岁

状态:健康管理师。

特点:专注健康体检 10 年,有丰富的健康管理经验。

角色二

姓名:宋沌

性别：男

年龄：30 岁

状态：互联网从业者,大学毕业 5 年。

特点：由于是互联网从业者,对自身的健康状况比较关注,保持定期体检的习惯。

角色三

姓名：陈阿姨

性别：女

年龄：50 岁

状态：退休,儿女都有稳定工作。

特点：年轻时不注意身体,年纪大了患有多种慢性疾病。希望通过健康管理的干预
方案保持良好的身体状态。

(4) 使用场景。简要描述用户的真实使用场景。例如,某健康医疗项目的使用场景
如下：

- 患者通过微信端进行预约,到诊后健康管理师利用健康管理系统对患者进行全方面评估。
- 入职前需要做一个入职体检,使用微信端找到合适的体检项目,约定明天早上去。
- 最近感觉有点累,需要做一个全套体检,最好能给出一些调整方案。
- 爸妈都退休了,给他们约一个定期体检。身体健康才是对儿女最大的帮助。

(5) 用户需求。描述用户需求。例如,下面是某健康医疗项目的用户需求：

- 寻找一个方便使用的健康管理系统。
- 寻找适合自己的体检套餐。
- 获取更好的体检体验。
- 得到适合自己的健康计划。
- 掌握自己的健康信息。

5. 竞品分析

本部分要说明以下两个问题：

(1) 市场及战略分析。选取几个竞品,从市场及战略的维度分析竞品。例如,下面是某
健康医疗项目的市场及战略分析：

- 爱康国宾：以连锁体检机构为基础,线上系统主要作用为引流和维护客户,更多的服务在线下进行。
- 平安好医生：以线上服务为主,提供问诊、健康管理、养生运动等功能,带动保险、理财等业务。
- 优康云：致力于中小型健康管理机构的信息化服务,依靠口碑进行宣传。

（2）用户分析。描述竞品的目标用户定位。例如,某健康医疗项目的竞品的用户定位如下:

> - 爱康国宾:以集团体检客户为主体,大部分业务为团检业务,用户定位为有一定经济基础的工薪阶层。
> - 平安好医生:用户定位为有一定互联网使用经验,喜欢尝试新鲜事物的年轻人。
> - 优康云:用户定位为倾向于传统的医院健康体检,对医院的依赖感较强的人。

6. 产品分析

本部分主要描述产品定位、产品核心目标及产品结构。例如,某健康医疗项目的产品分析如下:

> 产品定位:为健康体检机构提供高效的信息化系统。
> 产品核心目标:为患者提供良好的用户体验。
> 产品结构:管理后台、微信公众号、预约系统、评估系统、干预系统、知识库系统。

第 4 章
产 品 规 划

学习目标

- 了解产品结构图。
- 掌握产品结构图的绘制方法。
- 了解产品流程图。
- 熟悉产品流程图的元素定义。
- 掌握产品流程图的绘制方法。

前面几章介绍了互联网产品的基本概念以及产品的构想和需求分析,从本章开始进入产品规划阶段。产品经理要根据前期的调研分析对产品进行规划,需要更加具体地描绘出产品的基本功能架构以及产品的基本流程。在产品规划阶段,产品经理需要产出产品结构图和产品流程图,但是对于该如何绘制产品结构图和产品流程图,产品设计新手却并不了解。本章将带领大家了解产品结构图、产品流程图以及它们的绘制方法。

4.1 产品结构图

在进行产品结构规划时,产品经理会获取很多信息,如用户需求信息、市场调研信息等。产品经理要对这些信息进行整理和归纳,确定产品的功能和特性,绘制产品结构图。本节针对结构图及其绘制方法进行讲解。

4.1.1 产品结构图简介

产品结构规划的结果是 3 种产品结构图,即产品功能结构图、产品信息结构图和产品结构图,为了区分这 3 种结构图,下面分别进行讲解。

1. 产品功能结构图

产品功能结构图,简单地讲,就是用结构化的形式界定产品有什么功能,可以用来做什么。图 4-1 即是 iPhone 手机图库的功能结构图。产品功能结构图能够帮助产品经理思考并确定产品的功能模块及其功能组成,还能够帮助产品经理梳理需求,以鸟瞰的方式对产品的功能结构形成一个直观的认识,防止在将产品需求转化为功能需求的过程中出现功能模块和功能点缺失的现象。

从图 4-1 可以看出,每个功能都是以"动词＋名词"的形式命名的,如"选择照片/视频"

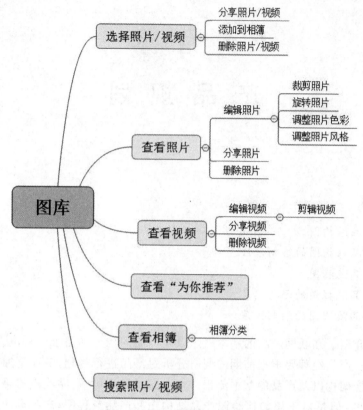

图 4-1　iPhone 手机图库的功能结构图

"查看照片""编辑照片"等。这种表达方式使信息传达更加准确,可以避免读者产生不必要的困惑。

2. 产品信息结构图

产品信息结构图是指脱离产品的实际界面,将产品的信息梳理出来,组成结构图。例如个人中心一般包括头像、基本信息、设置等。图 4-2 为 iPhone 手机图库的信息结构图。产品信息结构图的绘制通常晚于产品功能结构图,往往是在产品设计阶段的概念化过程中,在产品功能框架已确定,功能结构已完善好的情况下,才对产品信息结构进行分析和设计。产品信息结构图的作用是辅助产品功能设计,辅助建立数据库表。

3. 产品结构图

产品结构图就是将产品的原型以结构化的方式展示出来,它综合了产品功能结构图和信息

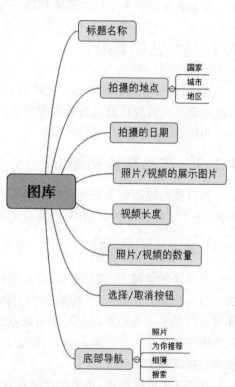

图 4-2　iPhone 手机图库的信息结构图

结构图,iPhone 手机图库的结构图如图 4-3 所示。产品结构图在前期的需求评审中可以作为产品原型的替代,因为产品结构图相对于产品原型图来说实现成本较低,并且能够对产品功能结构进行快速更改。

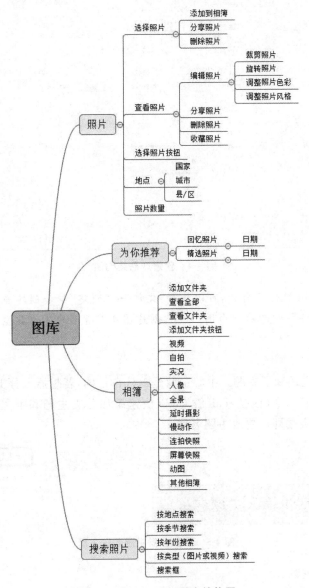

图 4-3 iPhone 手机图库结构图

4.1.2 产品结构图制作软件——XMind

XMind 是绘制产品结构图的常用工具之一,熟练掌握 XMind 的操作已成为产品经理的必备技能。下面将详细讲解 XMind 的使用方法。

1. 新建文件

打开 XMind 软件,单击图 4-4 中的"思维导图"即可创建产品结构图。

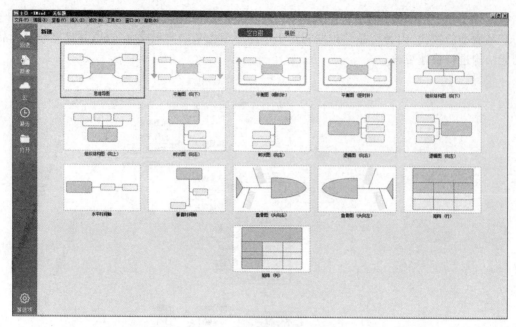

图 4-4   创建产品结构图

注意：若 XMind 软件已打开，可以执行"文件"→"新建"命令创建当前类型的产品结构图，也可以执行"文件"→"新建空白图"命令，创建图 4-4 所示的其他类型的产品结构图。

2. 添加主题

（1）插入分支主题和子主题。中心主题是默认自带的，若想插入分支主题和子主题，执行"插入"→"子主题"命令（或按 Tab 键）可以快速添加分支主题和子主题，如图 4-5 所示。双击分支主题或子主题即可更改主题名称。

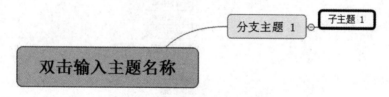

图 4-5   添加分支主题和子主题

（2）插入同级主题。

选中分支主题，执行"插入"→"主题"命令（或按 Enter 键），即可在分支主题的下方插入同级主题，如图 4-6 所示。

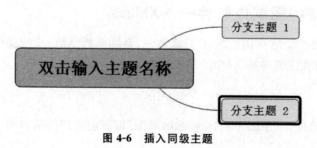

图 4-6   插入同级主题

3. 插入主题信息

在菜单栏中选择"插入"菜单,在下拉菜单中选择相应的命令,可以添加图标、图片、联系、外框、概要、附件等主题信息,如图 4-7 所示。或者单击工具栏中的图片图标,在弹出的下拉菜单中选择对应的命令,即可快速插入主题信息,如图 4-8 所示。

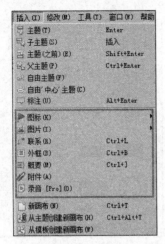

图 4-7　利用"插入"菜单插入主题信息　　　　**图 4-8　利用图片插入主题信息**

4. 设置主题格式

用户可以通过"属性"面板设置自己喜欢的结构图的样式,如图 4-9 所示。下面对常用操作进行介绍。

图 4-9　在"属性"面板中设置结构图样式

（1）结构。可以改变结构图的方向及结构，如向下的组织结构图、向右的树状图等。单击 ⊠ 思维导图 ⬆，即可打开下拉列表，如图 4-10 所示。

（2）我的样式。可以为主题选择并应用样式，单击 选择并应用 … ⬆ 即可弹出下拉列表，选择一个样式即可，如图 4-11 所示。也可以添加或编辑样式，但该功能需要付费才可以使用。

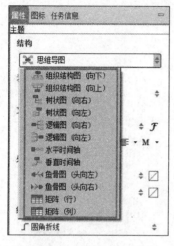

图 4-10　结构下拉列表

图 4-11　选择并应用样式下拉列表

（3）文字。用于更改主题文字的属性。

- 选择字体：单击 Open Sans ⬆，如图 4-12 所示，在弹出的下拉列表中选择字体即可。

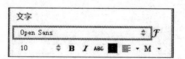

图 4-12　选择字体

- "字体"对话框：单击 𝓕 按钮，即可打开"字体"对话框，如图 4-13 所示。在其中可以选择字体、调整文字大小、样式及颜色，单击"确定"按钮即可。

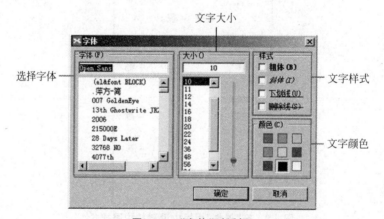

图 4-13　"字体"对话框

- 文字样式。可以设置文字大小、加粗、斜体、加删除线、颜色等，同 Word 类似，如图 4-14 所示。

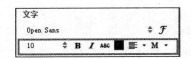

图 4-14 设置文字样式

5. 保存/导出

（1）保存导图。执行"文件"→"保存新的版本"命令（或按 Ctrl＋S 键），在弹出的"保存"对话框中输入名称，选择"我的电脑"单选按钮，如图 4-15 所示。单击"保存"按钮，即可弹出选择位置的"保存"对话框，如图 4-16 所示。单击"保存"按钮即可。

图 4-15 "保存"对话框

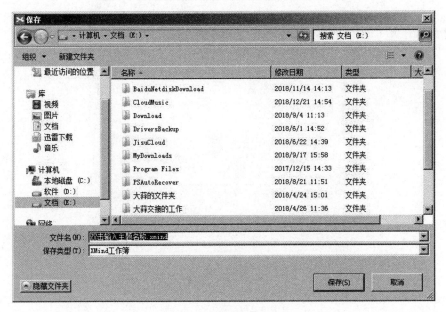

图 4-16 选择保存位置

（2）导出图片。执行"文件"→"导出"命令，在弹出的"导出"对话框中选择"图片"选项，如图 4-17 所示。单击"下一步"按钮，会弹出"导出为图片"对话框，选择图片格式和保存位置，如图 4-18 所示，单击"完成"按钮即可。

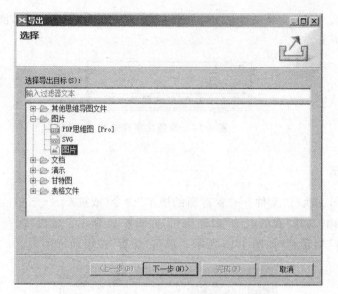

图 4-17 "导出"对话框

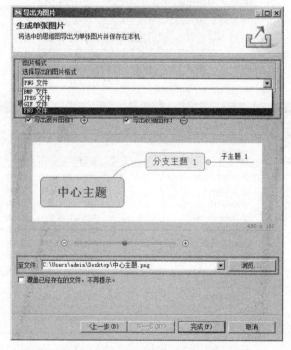

图 4-18 "导出为图片"对话框

阶段案例：产品结构图绘制

　　为了能更加清晰地梳理产品的功能，本案例以洗刷刷 App 产品为例，绘制产品结构图。根据产品需求，将洗刷刷 App 分为 4 个模块，分别是"首页""订单""我的"和"登录"模块，如图 4-19 所示。下面以"首页"模块为例讲解绘制产品结构图的思路和步骤。

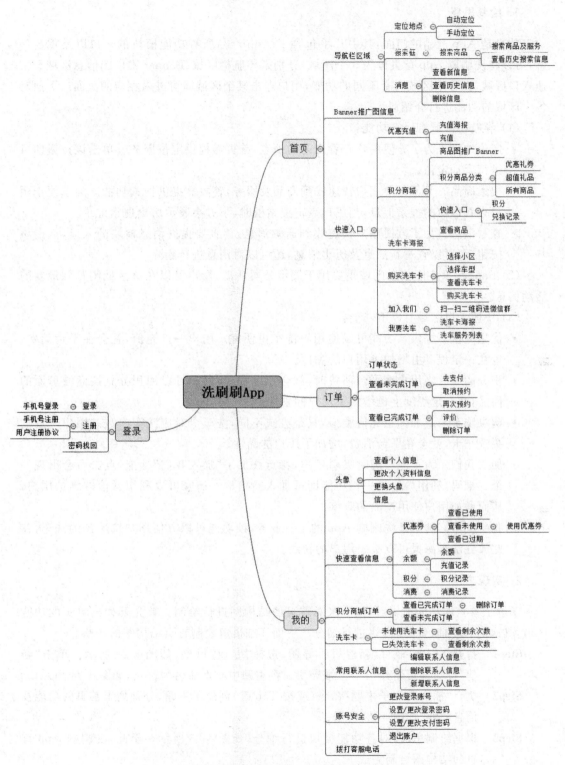

图 4-19 洗刷刷 App 产品结构图

1. 绘制思路

首页是 App 产品的门面,其中几乎包含了 App 产品所有功能模块的入口以及重要信息,可以将洗刷刷 App 首页分为 3 个区域,分别是导航栏区域、Banner 推广图信息区域和快速入口区域,在各个区域内有不同的功能,用户点击某个区域即可进入相应的页面。下面对各个区域的功能进行介绍。

(1) 导航栏区域有以下功能:

* 定位地点。为了方便用户查看当前的地点,首页需提供定位服务。单击该按钮即可进行手动定位。

* 搜索商品。为了方便用户快速找到商品及服务,首页需提供搜索功能。为了便于用户查看以前的搜索信息,当用户点击搜索框时,下方会展示历史搜索记录。

* 查看消息。为了方便用户快速收到通知消息,首页要提供消息模块的入口,点击该按钮后,可以查看新消息及历史消息,还可以对消息进行删除。

(2) Banner 推广图信息区域主要用于展示公司活动,用户可以在该区域浏览到最新的活动信息。

(3) 快速入口区域有以下功能:

* 优惠充值。提供该功能可以使用户洗车更便宜。用户一旦充值,就会在平台消费,也在一定程度上增加了用户的黏性。

* 积分商城。当用户在平台消费时,就会产生积分,用户可以用积分兑换商城里面的商品,在一定程度上也增加了用户的黏性。

* 购买洗车卡。和优惠充值类似,只是方式不同,洗车卡对应洗车次数。用户一旦购买洗车卡,就会在平台消费,增加了用户的黏性。

* 加入我们。为了能够随时吸引用户,特意添加了"加入我们"功能,点击后会出现一个二维码,利用微信扫一扫功能即可加入微信群。商家可以利用微信群维护用户,从而增加用户使用产品的频率。

* 我要洗车。洗车是洗刷刷 App 的主营业务,该功能可以方便用户快速预约洗车,在此放置洗车海报可以吸引用户的视线。

2. 实现方法

了解了首页的功能模块后,接下来对首页的结构图进行绘制。首先要列出首页的功能区域,其次对各功能区域的模块进行细分。下面详细讲解绘制首页结构图的步骤。

Step1　打开 XMind 软件,新建思维导图,选择"专业"风格,如图 4-20 所示。单击"新建"按钮即可新建一个思维导图。将主题中心重命名为首页,如图 4-21 所示。

Step2　执行"插入"→"子主题"命令(或按 Tab 键)创建子主题,分别列出首页的功能及信息模块,如图 4-22 所示。

Step3　根据绘制思路,对各功能模块进行细分,如图 4-23 所示。至此,洗刷刷 App 首页的结构图绘制完成。

注意:产品结构图需要不断完善。产品经理在本阶段绘制的产品结构图并不一定是最终版本,在根据产品结构图绘制低保真原型图时,需要对本阶段的产品结构图进行完善。

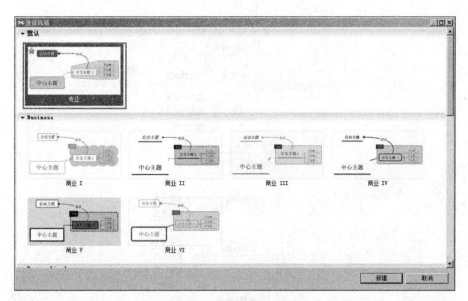

图 4-20　选择"专业"风格

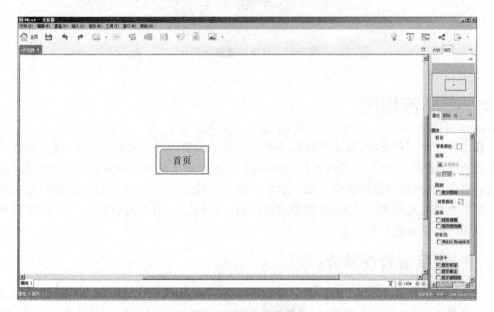

图 4-21　更改主题名称

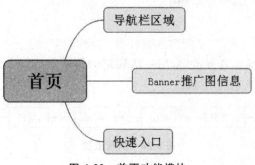

图 4-22　首页功能模块

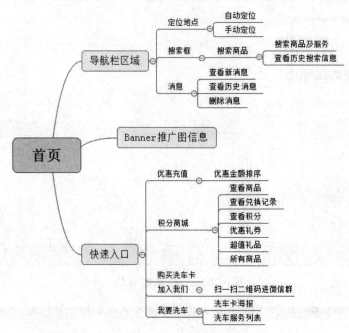

图 4-23   首页功能模块细分

4.2   产品流程图

在设计互联网产品时,需要明确梳理出产品具体的业务环节和转接关系,确定业务环节的先后顺序,简而言之,就是要对产品的流程进行分析和与设计。所谓流程,是指用户操作的前后顺序,例如用户使用微信之前一定要注册自己的账号,又如账号已被注册时会出现相应的提示。要将流程展示出来,就需要用到产品流程图。本节将对什么是产品流程图和产品流程图的绘制方法进行讲解。

4.2.1   产品流程图简介

一张简明的产品流程图,不仅能促进产品经理与设计师、开发者的交流,还能帮助设计人员查漏补缺,避免流程出现遗漏,确保流程的完整性。产品流程图分为业务流程图、数据流程图、页面流程图 3 类,具体介绍如下。

1. 业务流程图

业务流程图主要是描述业务走向,用一些规定的符号及连线表示某个具体业务的处理过程。例如刷牙流程如图 4-24 所示。

图 4-24   刷牙流程

多学一招：泳道图

泳道图是将模型中的活动按照职责组织起来。这种分配可以通过用线分开的不同区域来表示。由于这些并列的区域形似泳道，因此这种图被称为泳道图。它可以方便地描述企业的各种业务流程，直观地描述系统的各活动之间的逻辑关系，有利于用户理解业务逻辑。

在一个产品中，会涉及多种用户的业务流程，如买家、卖家、第三方等，对于产品中包含的所有业务流程都要进行分析和设计，以便让研发人员全面了解产品的功能逻辑。图 4-25 为某购物软件的泳道图。

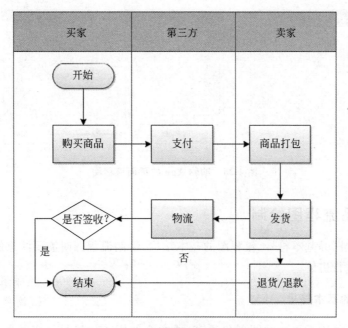

图 4-25　某购物软件的泳道图

由图 4-25 可以看出，购买商品、签收/拒收都是买家的行为，商品打包、发货、退款/退货等都是卖家的行为，购物涉及的支付和物流则是第三方的行为，如果商家有自己的支付或物流公司，则支付、物流也属于卖家的行为。

2．数据流程图

数据流程图是对业务流程图的进一步抽象与概括。抽象性表现在它完全舍去了具体的行为，只剩下数据的流动、加工处理和存储。值得注意的是，一般的业务流程图中已经包含了数据流程图，因此在实际工作中很少绘制数据流程图。

3．页面流程图

页面流程图描述了用户完成一个任务需要经过哪些页面。图 4-26 为一个购物 App 的页面流程图。

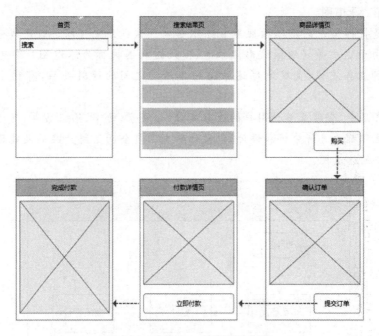

图 4-26　购物 App 的页面流程图

4.2.2　产品流程图绘制

下面对流程图的基本符号、流程图的基本结构、绘制流程图时需要注意的问题以及绘制流程图的工具进行讲解。

1. 流程图的基本符号

流程图是一种用于沟通的图形化语言,通常会使用一些符号代表某些意义,以便于识别。绘制流程图的习惯做法是:圆角矩形表示开始或结束,矩形表示普通工作环节,菱形表示判定,箭头表示工作流方向。流程图基本符号如表 4-1 所示。

表 4-1　流程图基本符号

符　　号	名　　称	意　　义
	开始或结束	表示流程图的开始或结束
	流程	即操作或处理,表示某一个具体步骤
	判定	表示判定条件
	文档	表示输入或输出的文档

符　号	名　称	意　义
	子流程	表示已定义的子流程
	数据库	表示文件归档
→	连接线	用于连接其他符号,箭头表示流转方向

通过这些符号,可以清晰地描述产品的业务流程及使用逻辑。通过分析产品的业务流程,即可得到业务流程图。从产品经理的角度来看,产品的业务流程图就是用户使用产品的过程。

2．流程图的基本结构

流程图有 3 种基本结构,即顺序结构、选择结构及循环结构。下面对这 3 种结构逐一进行讲解。

1)顺序结构

顺序结构就是按照先后顺序执行的流程,是最简单的一种结构。它的执行顺序是自上而下,依次执行,如图 4-27 所示。其中 A、B 是按照顺序执行的,在完成 A 操作后,就会继续执行 B 操作。

2)选择结构

选择结构又称分支结构,根据是否满足条件而从两个操作中选择一个操作执行,如图 4-28 所示。

值得注意的是,两个操作之一可以为空操作,如图 4-29 所示。

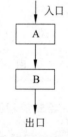

图 4-27　顺序结构

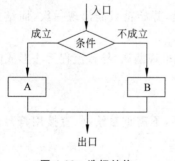

图 4-28　选择结构

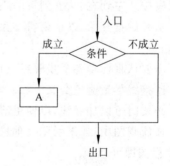

图 4-29　有一个空操作的选择结构

3)循环结构

循环结构又称重复结构,是指在一定条件下反复执行某一操作。循环结构又可分为直到型结构和当型结构,具体解释如下。

直到型结构是指先执行某一操作,再判断条件。当条件成立时,退出循环;当条件不成立时,继续循环。直到型结构如图 4-30 所示。

当型结构是先判断条件。当条件成立时,继续循环;当条件不成立时,则退出循环。当型结构如图 4-31 所示。

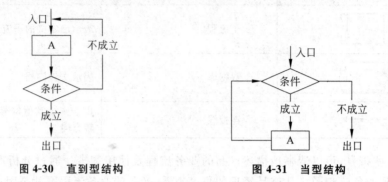

图 4-30　直到型结构　　　　　　图 4-31　当型结构

脚下留心:

这 3 种结构的共同特点是:只有一个入口和一个出口,结构内的每一个操作都有机会被执行,不存在死循环。图 4-32 和图 4-33 为错误的流程图。

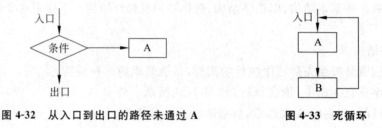

图 4-32　从入口到出口的路径未通过 A　　　　　图 4-33　死循环

3. 绘制流程图时需要注意的问题

绘制流程图时,应注意以下几个问题:

(1) 应按从左到右、从上到下的顺序排列。

(2) 从开始符开始,以结束符结束。值得注意的是,开始符只能出现一次,而结束符可出现多次。

(3) 需要认真检查各个步骤或条件判定结果,避免出现漏洞,导致流程无法形成闭环。

(4) 连接线尽量避免交叉。

(5) 必要时可以加标注,以便更清晰地说明流程。

(6) 在流程图中,如果引用其他已经定义的流程图,不需重复绘制,直接用符号表示已定义的流程图即可。

4. 绘制流程图的工具

常见的流程图绘制工具有以下几种。

1) 纸和笔

纸和笔是最简单、实用的工具,其缺点是不易修改,如图 4-34 所示。值得注意的是,如果选择用纸和笔绘制流程图,那么准备的纸张要足够大。

图 4-34　用纸和笔绘制流程图

2) 亿图图示

亿图图示是一款基于矢量图的流程图绘制工具，具有丰富的事例库和模板库。它采用拖曳式操作，使用方便、简单。图 4-35 为亿图图示的界面。

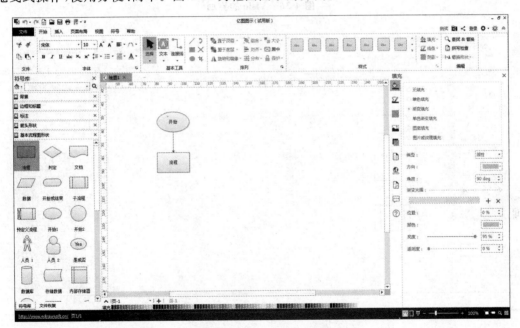

图 4-35　亿图图示的界面

3) Visio

Visio 是优秀的绘图软件，应用非常广泛。它采用泳道图的方式把流程和流程的部门以及岗位关联起来，实现流程和角色的对应。与亿图图示一样，Visio 采用拖曳式操作。图 4-36 为 Visio 的界面。

4) ProcessOn

ProcessOn 是一个免费画流程图的网站，可以多人同时合作绘制一张流程图。图 4-37 为 ProcessOn 的界面。

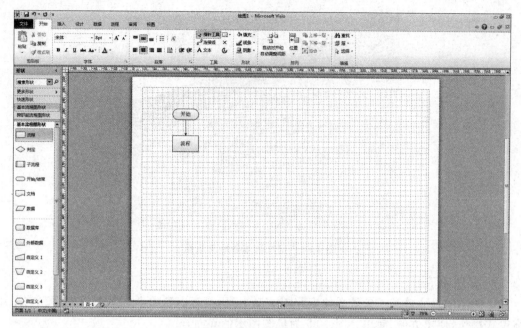

图 4-36　Visio 的界面

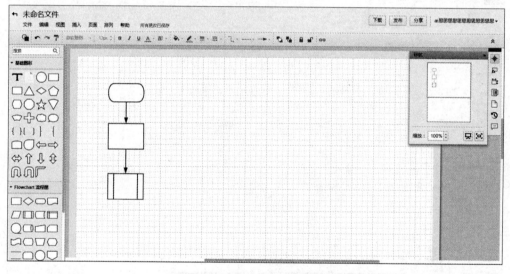

图 4-37　ProcessOn 的界面

5）Axure

　　Axure 是用来绘制原型图的工具，但它同时具有绘制流程图的功能，将元件拖曳至工作区，用连接线连接，即可轻松绘制出流程图。关于 Axure 的具体介绍详见第 2 章，此处不再赘述。

阶段案例：业务流程图绘制

　　若一个功能模块有完整的业务流程，则可将其作为一个单独的模块。例如，洗刷刷 App 分为"我要洗车""积分商城""订单""个人中心"等模块。本案例以洗刷刷 App 产品的洗车、积分商城和登录/注册为例,运用 Axure 制作产品的业务流程图。由于 Axure 中并无代表子流程或已定义流程的符号,因此需要将子流程符号绘制出来。

1. 洗车流程图

绘制复杂的流程图时,为了明确流程图的大致走向,进而保证流程图的准确性,一般需要先将业务的大致流程绘制出来,再逐步细化。下面对洗车流程图进行绘制。由于洗车是一个复杂的流程,因此需要将洗车的基本流程图绘制出来,再进行细化。为了方便研发团队的分工合作,可以将复杂的流程图拆分成主流程图和子流程图,具体讲解如下。

Step1　先用纸笔将洗车的基本流程图绘制出来,如图 4-38 所示。

图 4-38　洗车基本流程图

Step2　打开 Axure 软件,单击库面板中的选项按钮▤,在弹出的菜单中选择"创建元件库"命令,在"保存 Axure RP 库"对话框中输入"子流程",作为新元件库的名称,单击"确定"按钮,即可打开新窗口,如图 4-39 所示。

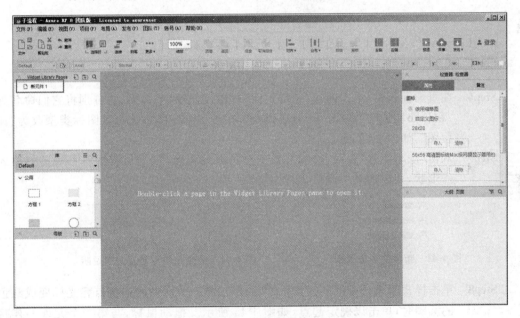

图 4-39　创建新元件库

Step3　双击图 4-40 中的"新元件",在工作区绘制子流程符号,如图 4-40 所示。按 Ctrl+S 组合键进行保存,并关闭文件。

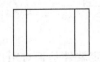

图 4-40　子流程符号

Step4 单击库面板中的选项按钮▤，在弹出的菜单中选择"刷新元件库"命令，即可看到"子流程"元件库，如图 4-41 所示。

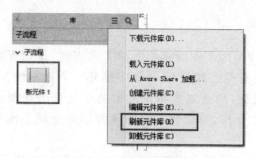

图 4-41　刷新元件库

Step5 将 Home 页面的名称改为"洗车流程"。右击该页面，在弹出的快捷菜单中选择"图标类型"→"流程图"命令，如图 4-42 所示。删除 Page1～Page3 子页面。

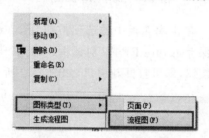

图 4-42　更改图标类型

Step6 在页面面板中，单击两次"新增页面"按钮，新增两个页面，并分别将它们命名为"积分商城流程"和"登录/注册流程"，按照 Step5 的方法将其图标类型改为"流程图"，如图 4-43 所示。

Step7 双击"洗车流程"页面，将元件拖曳至页面编辑区，根据流程图符号规范修改元件形状，并添加文字说明，如图 4-44 所示。

图 4-43　新建的 3 个页面　　　　图 4-44　更改元件形状及文字说明

Step8 单击样式工具栏中的连接按钮▤，当经过第一个元件的连接点且光标变成红色的圆圈时，单击以确定起点，如图 4-45 所示。拖动鼠标，与第二个元件的连接点连接，如图 4-46 所示。

图 4-45　确定连接起点　　　　　　图 4-46　确定连接终点

Step9 选择洗车业务之后，要判定软件是否对用户的地点进行了自动定位。若已经定位，那么继续下面的流程，即选择规格、选择服务点。然后，用户确定是否预约，若不预约则流程结束,若预约则继续下面的流程,如图 4-47 所示。

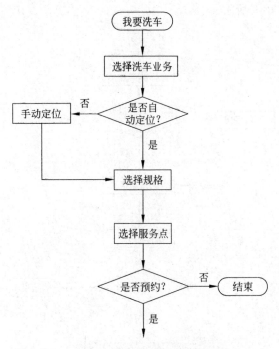

图 4-47　洗刷刷 App 洗车业务流程图的部分结果

Step10　系统要判定用户是否选择了预约时间、是否有联系人信息、是否使用优惠券等。确认预约单可以作为一个独立的业务流程,因此将其作为子流程图进行绘制,如图 4-48 所示。

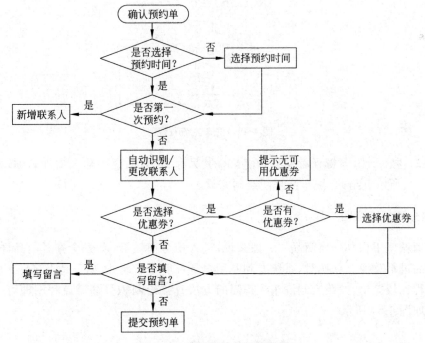

图 4-48　确认预约单子流程图

Step11   接下来完善洗车流程。在提交预约单之后，用户要按约定时间洗车并进行评价，如图 4-49 所示。

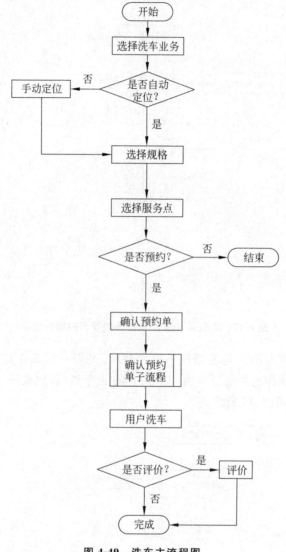

图 4-49   洗车主流程图

Step12   按 Ctrl＋S 键保存文件，在弹出的"另存为"对话框中输入文件名称，如图 4-50 所示。至此，洗车流程图绘制完成。

2．积分商城流程图

积分商城使用积分兑换商品。一般来说，进入积分商城后，首先会查看商品详情，然后才会对商品进行兑换。兑换时，系统要判断用户是否填写了地址、积分是否充足。由于积分商城的流程比较简单，按照绘制洗车流程图的方法直接绘制积分商城流程图即可。积分商城流程图如图 4-51 所示。

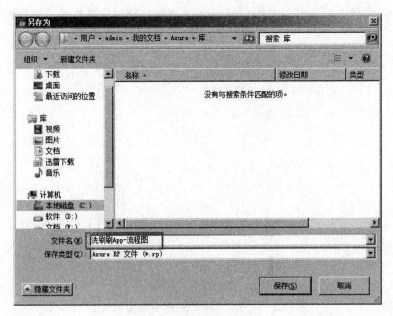

图 4-50 "另存为"对话框

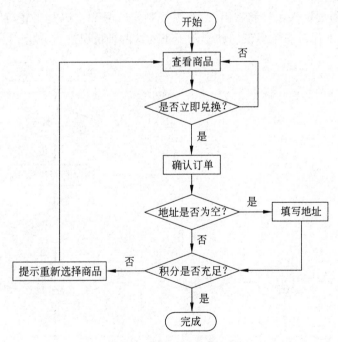

图 4-51 积分商城流程图

3．登录/注册

App 启动之后，用户要先登录，才能使用 App。当用户开启软件时，首先由后台对用户的登录状态进行判定。如果登录状态为"已登录"，那么用户就会直接进入 App 首页。如果登录状态为"未登录"，那么用户要自己判断有无账号。若有，即可直接登录；若无，便要注册新账号。登录/注册主流程图如图 4-52 所示。下面对登录和注册的子流程图绘制过程进行讲解。

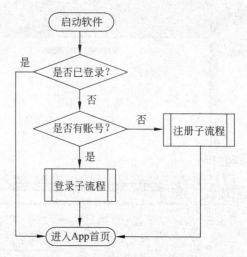

图 4-52　洗刷刷 App 的登录/注册主流程图

1) 登录子流程图

登录时用户需要输入账号和密码,系统需要判定账号和密码是否正确。登录子流程图如图 4-53 所示。下面对账号不正确和密码不正确这两种情况进行分析。

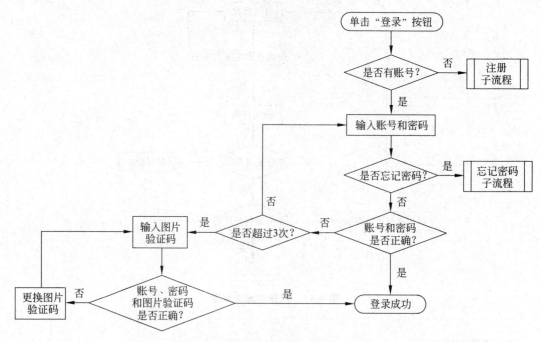

图 4-53　登录子流程

- 账号不正确时,用户要重新输入账号,且要确认账号是否被注册。若没有被注册,用户需要用该账号进行注册;若已经被注册,用户输入正确的账号即可。

- 密码输入不正确时,若用户输入错误密码未超过 3 次就输入了正确密码,就可以直接进入洗刷刷 App 首页;若用户输入错误密码超过 3 次,就需要输入图片验证码,若图片验证码输入错误,则后台会自动更换图片验证码,直至用户输入正确的图片验证码和正确的账号、密码,方可进入洗刷刷 App 首页。若用户忘记密码,则点击"忘记密码",即可通过手机号找回密码。忘记密码子流程图如图 4-54 所示。

2) 注册子流程图

当用户没有洗刷刷 App 的账号时,就需要用手机号为自己创建一个账号。当用户输入手机号时,系统判定该账号是否已经被注册,或者格式是否正确。若该账号已经被注册,那么用户可以选择用原有账号登录,也可以选择用新手机号注册。

在用新手机号注册时,为了验证该手机号是否可用,系统会发送验证码。若该手机号可用,用户输入验证码即可进行下一步——输入新密码。为了防止用户按错键,用户需要再一次输入密码。图 4-55 为洗刷刷 App 的注册子流程图。

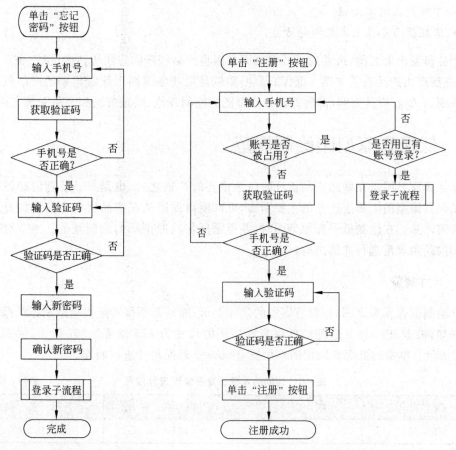

图 4-54　忘记密码子流程图　　　　图 4-55　注册子流程图

多学一招:验证码的作用

验证码是一种区分用户是计算机还是人的自动程序,可以防止恶意破解密码、刷票、在论坛中灌水,有效防止黑客对特定注册用户用暴力破解方式不断进行登录尝试。验证码是网站通行的方式。

第 5 章
低保真原型图设计和PRD

学习目标

- 了解低保真原型图的绘制规范。
- 掌握绘制低保真原型图的方法。
- 了解产品需求文档。
- 掌握撰写产品需求文档的方法。

产品研发出来之前,通常通过低保真原型图将产品经理的想法传达给设计、研发和测试人员,进而产出产品需求文档。低保真原型图就是用线条或图形绘制出来的产品框架。本章以洗刷刷 App 项目为例,讲解低保真原型图的绘制规范、实现方法和产品需求文档。

5.1 低保真原型图绘制规范

低保真原型图是互联网产品设计阶段最重要的产物之一,也是产品经理的必备技能之一。低保真原型图汇集了产品的主要功能,可以使研发团队在产品实现之前更加直观地认识和理解产品。在绘制低保真原型图时,要遵循低保真原型图的绘制规范。本节对低保真原型图的绘制规范进行详细讲解。

1. 尺寸规范

在绘制低保真原型图时,没有固定的尺寸要求,通常是根据适配机型来制作低保真原型图。例如,根据 iPhone 6 适配的低保真原型图的尺寸为 375 像素×667 像素,如表 5-1 和图 5-1 所示。本章的低保真原型图均根据 iPhone 6 适配尺寸进行制作。

表 5-1　iPhone 6 低保真原型图尺寸规范　　　　　　　　　　单位:像素

宽×高	状 态 栏	导 航 栏	标 签 栏
375×667	375×20	375×44	375×49

2. 字体规范

低保真原型图没有具体的字体规范。一般情况下,导航栏内的标题字号要大于内容标题字号,内容标题字号要大于内容正文字号,一般选择微软雅黑、黑体等常用字体,如图 5-2 所示。

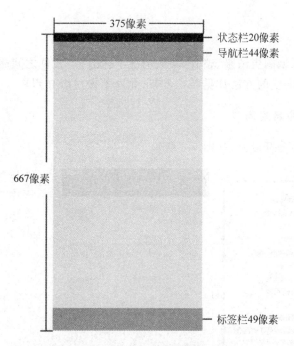

图 5-1   iPhone 低保真原型图尺寸规范

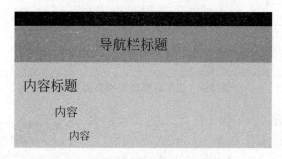

图 5-2   低保真原型图的字体示例

3．颜色规范

原型图中包含了多种颜色。低保真原型图没有具体的颜色规范，除了元素自带的且不能更改的颜色外，一般采用黑、白、灰 3 色，以免影响 UI 设计师设计页面。图 5-3 为某 App 低保真原型图的色值。

图 5-3   某 App 低保真原型图的色值

4. 元件规范

为了使低保真原型图更清晰、整齐,一般情况下,元件与元件之间需要对齐,为此要善于使用辅助线(创建辅助线的方法详见 2.4.1 节,此处不做过多介绍)。

5. 页面及页面命名规范

尽量将所有页面分开展示,如图 5-4 所示。

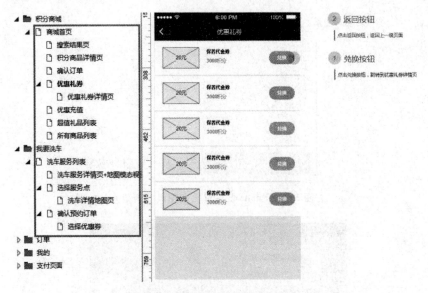

图 5-4　低保真原型图的页面展示

页面的层级要明确。为了快速找到页面,页面的名称一般可以采用页面的标题,如图 5-5 所示。

从图 5-4 和图 5-5 中可以清楚地看出页面之间的层级关系,便于快速理解功能的结构。页面层级数量不宜过多,如果出现 4 级以上的页面,就需要考虑简化页面层级。

注意:

(1) 在绘制低保真原型图时,产品经理只需要注意使其功能完整、布局合理,而页面美观因素应由 UI 设计师负责。

(2) 页面的层级越多,产品的易用性越差。

图 5-5　页面命名

5.2　洗刷刷 App 低保真原型图制作与分析

随着互联网的迅猛发展,高智能、高配置的移动设备成为各大互联网公司的发展方向,和 PC 端产品相比,移动端产品越来越占据着网民的碎片时间。手机作为移动设备,原来只有打电话、发短信等功能,但是现在人们能通过手机打车、购物,很多事情都可以通过手机来做。那么,手机是如何实现这一切的呢?就是因为手机里面有了小小的 App。本节以制作洗刷刷 App 中首页、积分商城和登录/注册模块的低保真原型为例,深入了解一款 App 的诞生。

5.2.1　首页功能分析

根据洗刷刷 App 的结构图(如图 5-6 所示)可知,首页分为 3 个区域,分别是导航栏区域、Banner 推广图信息和产品各个模块的快速入口,具体分析如下。

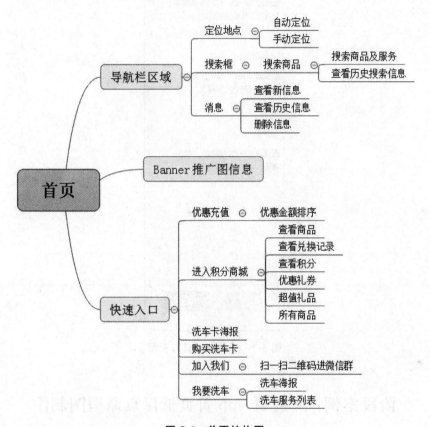

图 5-6　首页结构图

在导航栏区域中包含定位地点、搜索框和消息 3 个模块,具体分析如下。

- 定位地点:用户可以看到当前定位的城市。若自动定位失败,会弹出"GPS 定位失败"的提示框。若想进行手动定位,点击此处,即可弹出手动定位模态视图,如图 5-7 所示。
- 搜索框:首页提供了快速搜索功能,可以搜索积分商品、门店以及洗车服务等。
- 消息:单击"信息"按钮可以快速、便捷地查看通知信息。

Banner 推广图信息是用于宣传产品的主要区域,内容可以是优惠信息、品牌宣传、活动海报等,用户可以查看近期的活动信息。

首页中提供了 6 个快速功能入口和一个洗车海报,具体解释如下。

- 快速入口:分别是"优惠充值""进入积分商城""洗车卡海报""购买洗车卡""加入我

们"和"我要洗车",点击按钮即可进入与之对应的页面。

- 洗车海报：添加一个海报,可以将用户的视线快速移至洗车功能。

根据洗刷刷App的结构图可知,App的标签栏中,包括"首页""订单""我的"3部分,用户可以通过点击快速进入自己想前往的页面。在不同页面,导航栏内的按钮及文字有明显区分,从而使用户知道当前处于哪个页面。

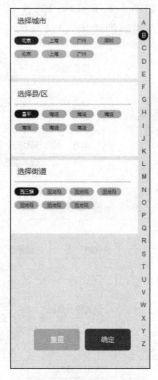

图 5-7　手动定位模态视图

阶段案例：洗刷刷 App 首页低保真原型图制作

1. 案例分析

分析了首页的功能后,下面用Axure绘制洗刷刷App首页的低保真原型图。由于标签栏、状态栏信息及页面背景是洗刷刷App的公用部分,因此在绘制的时候,先将这些公用部分转化成母版。为了不影响视觉效果,可将母版遮罩取消,这样做会节省很多时间。本案例采用iPhone 6尺寸规范制作低保真原型图。

2. 实现步骤

Step1 打开Axure软件,从元件库中拖曳矩形元件至Home页面的页面编辑区内,设置其"宽度"为375像素,"高度"为667像素,"描边"为无,将填充颜色改为浅灰色(♯F2F2F2),如图5-8所示,效果如图5-9所示。

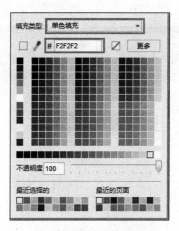

图 5-8　修改填充颜色

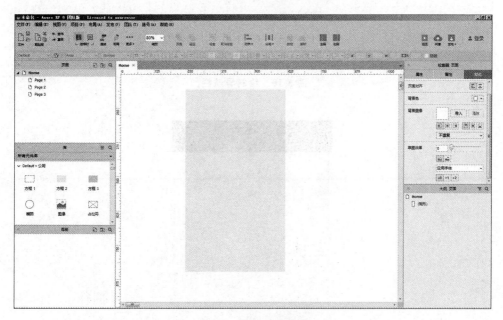

图 5-9　矩形元件效果

Step2　再拖曳一个矩形元件到页面编辑区中,将其大小设置为 375 像素×64 像素,"描边"为无,填充颜色为深灰色(♯3D4250),位置如图 5-10 所示。

Step3　按住 Ctrl 键,拖曳鼠标,在如图 5-11 所示的位置创建全局参考线。

Step4　导入名为"状态栏.png"的图像,将其放置在如图 5-12 所示的位置。

Step5　按 Ctrl+A 键,选中页面内所有元件,右击,在弹出的快捷菜单中选择"转换为母版"命令,如图 5-13 所示,此时会弹出"转换为母版"对话框,具体设置如图 5-14 所示,单击"继续"按钮,即可将已绘制页面转换为母版。

Step6　在主菜单栏中执行"视图"→"遮罩"→"母版"命令,取消母版遮罩,取消母版遮罩前后的效果如图 5-15 和图 5-16 所示。

Step7　绘制标签栏,如图 5-17 所示,再按照 Step5 的方法将其转换为母版。

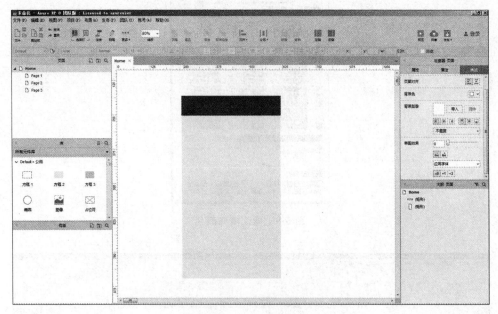

图 5-10　绘制导航栏

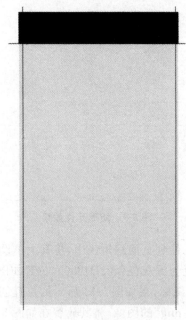

图 5-11　创建全局参考线

图 5-12　导入图像

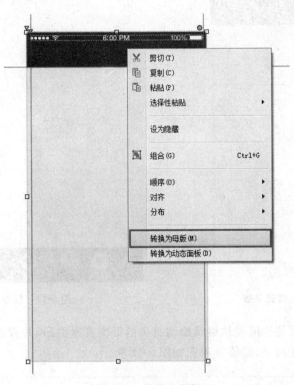

图 5-13　转换为母版

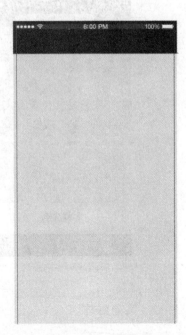

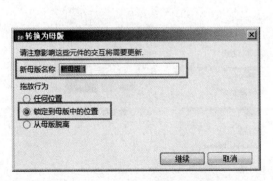

图 5-14　"转换为母版"对话框

图 5-15　有遮罩母版

图 5-16　无遮罩母版

图 5-17　标签栏

Step8 根据首页的功能模块继续绘制首页的低保真原型图，并根据功能分析将页面的功能标注出来，最终效果图如图 5-18 所示。

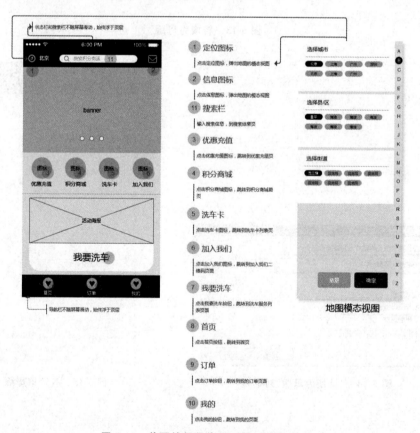

图 5-18　首页的低保真原型图及功能标注

Step9　单击 Home 页面,将其命名为"首页",并删除其余页面,如图 5-19 所示。至此,
首页的低保真原型图制作完成。

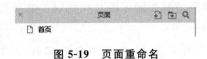

图 5-19　页面重命名

5.2.2　积分商城功能分析

洗刷刷 App 的积分商城可以增强用户黏性,用户在消费、充值时即获得积分。根据积
分商城的结构图(图 5-20)和流程图可以得知该页面的主要功能以及与其相关的页面(其低
保真原型图详见本案例源文件)。对积分商城页面功能具体介绍如下。

- 搜索框:积分商城页面提供了搜索功能,用户可以快速搜索积分商品。
- 商品推广 Banner:是用于宣传积分活动的主要区域,用户可以在此查看近期的活动
  信息。
- 积分商品分类:积分商品共分为优惠礼券和超值礼品两类。为了方便用户快速找
  到自己想要兑换的商品,故在积分商品分类下设置了"优惠礼券""超值礼品"和"所
  有商品"3 个按钮,点击按钮即可进入对应的积分商品分类页面。
- 快速入口:该页面有两个快速入口,分别是"积分"和"兑换记录"。在该页面中,可
  以直接查看现有积分,当用户点击"积分"时,跳转至积分记录;当用户点击"兑换记
  录"时,页面跳转至积分商城订单页面,用户可以查看所有的积分兑换订单。
- 查看商品:该区域主要放置商家推荐的产品,可以让用户快速了解积分兑换商品。
  点击商品时,页面会跳转至该商品的详情页。

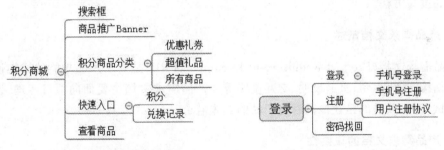

图 5-20　积分商城结构图　　　　　图 5-21　登录/注册结构图

5.2.3　登录/注册功能分析

登录和注册是洗刷刷 App 的基本功能模块,根据登录和注册的结构图(图 5-21)和如
图 4-51 所示的积分商城流程图可以了解这两个页面中包含的内容。下面针对产品的登录/
注册功能进行讲解。

1. 登录

通常情况下用户直接输入正确的账号(手机号)和密码,点击"登录"按钮即可成功登录。

除了手机号登录外,还可以采取第三方登录方式,例如用户可以直接使用微信、微博等第三方产品登录本产品,使用第三方登录方式的好处有两个:一是可以让用户只用一个账号即可登录多个产品,免去了每次登录都要输入账号和密码的麻烦;二是可以获得用户的第三方产品的信息,以更好地了解用户。

注意:用户忘记密码的事时常发生,所以不要忘记在登录模块添加找回密码功能的入口。

2. 注册

用户只有通过注册提交一些必要的信息后,才能使用产品的所有功能。注册页面的内容一般包括手机号、QQ号、微信号、邮箱甚至身份证号,这些信息不仅是用户的个人账户信息,而且和产品的运营需求有关。例如,获得了用户的邮箱和微信账号,就可以通过这两个渠道与用户建立联系,向用户推送信息。本案例只提供了手机号注册入口。

注意:虽然获取用户的信息越多,与用户联系的渠道就越多,但是如果在注册模块让用户填写过多的信息,反而会影响用户体验,甚至使用户放弃注册。因此,在设计产品时,要把握好这个度。

5.3 产品需求文档

产品的低仿真原型图产生之后,一个定义清晰、功能逻辑明确和体验效果具体的产品已经浮现在眼前了,接下来的工作就是汇总前期的成果,按一定的形式对这些成果进行归纳和说明,形成产品需求文档,这个文档的质量直接影响到研发部门是否能够明确产品的功能和性能,因此学会撰写产品需求文档是非常重要的。下面通过洗刷刷 APP 项目来讲解产品需求文档的撰写方法。

1. 产品需求文档概述

产品需求文档(Product Requirement Document,PRD)是对于产品功能的详细说明,一般包含结构图、流程图、页面说明、交互说明等。产品需求文档主要面向项目经理、设计、开发和测试人员,其目的是让他们看懂产品的具体需求。

2. 产品需求文档的重要性

产品需求文档的重要性主要表现在以下 3 个方面:

(1)传达产品开发需求。例如,开发人员通过产品需求文档可以了解页面元素和用例规则。

(2)保证各部门沟通时有理有据。

(3)使产品质量控制有具体标准。例如,一个产品从前期调研、确认需求到最后开发上线需要经历多次版本迭代,如果没有产品需求文档,在大型项目中,版本迭代就会变得没有依据可循,也不能让员工快速熟悉产品,所以一份完整的、专业的产品需求文档对整个公司产品的发展是至关重要的。

阶段案例：撰写产品需求文档

产品需求文档的形式主要有 Word 文档和 Axure 原型两种。有的产品经理习惯用 Word 撰写产品需求文档，有的则会倾向于 Axure 原型。本案例采用 Word 文档形式来展示洗刷刷 App 产品需求文档的目录，如图 5-22 所示。产品需求文档各部分具体内容如下。

目录

一、版本记录 1
二、产品角色 2
三、产品功能性需求 3
　　3.1　产品结构图 3
　　3.2　业务流程图 3
　　3.3　登录/注册页 4
　　3.4　首页 5
　　3.5　我要洗车 6
　　3.6　订单 6
　　3.7　个人中心 7
　　3.8　支付 8
　　3.9　积分商城 9
四、产品非功能性需求 10
　　4.1　性能需求 10
　　4.2　可维护性需求 10
　　4.3　可靠性需求 11
　　4.4　安全性需求 11
　　4.5　安装性需求 12

图 5-22　产品需求文档的目录

（1）版本记录：一般包括版本号、修订人、修订日期、修订，通常采用表格的形式，如表 5-2 所示。

表 5-2　版本记录

版　本　号	修　订　人	修　订　日　期	修　订　内　容

对这 4 项的具体解释如下：

- 版本号：显示当前文档是第几个版本。
- 修订人：显示修订人的姓名。
- 修订日期：显示修订日期。
- 修订内容：显示具体修改了哪些内容以及修改的原因。

（2）产品角色：主要是产品的用户角色说明。

（3）产品功能性需求：是产品需求文档的核心内容，描述产品包含的所有功能，可以结合产品的结构图、流程图及低保真原型图来讲解，让相关人员知道产品是什么、包含哪些页面、页面如何跳转等。本部分具体包括产品结构图、业务流程图、低保真原型图及说明，以及功能的优先级。

（4）产品非功能性需求：主要解决"如何使这个系统能在实际环境中运行"的问题。如果没有考虑非功能性需求，那么这个解决方案则很难取得实效，因为用户可能难以甚至无法使用系统的功能。非功能性需求一般包括性能需求、可维护性需求、可靠性需求、安全性需求、安装性需求等，具体解释如下：

- 性能需求：包括时间需求、系统容量要求等。例如，系统的运行情况如何？系统可以达到其响应时间目标吗？应用程序的设计是否符合性能要求？
- 可维护性需求：这是一个极其重要的需求，如果开发人员、管理员和操作人员不能够解决如何维护应用程序的问题，则它在首次发布之前就会夭折。一件事情往往需要执行很多次（例如，安装许多应用程序），那么，是否有一个可复制的部署流程？是否可以使重复的任务自动化，使之在大范围内可行？
- 可靠性需求：产品在特定条件下使用时保持规定的性能水平的能力。例如，在加载时，或者在系统故障时，系统是否可以可靠运行？实现可靠性是否会对性能造成负面影响？
- 安全性需求：产品在特定的使用环境中抵御风险的能力。例如，如何保护系统不受攻击？
- 安装性需求：产品在特定环境中安装和卸载的性能。

注意：不是所有的产品需求文档都必须有这些内容，对于不同类型的产品，可以添加必要的内容或者删除不必要的内容。

第6章

交互设计

学习目标

- 了解交互及交互设计。
- 了解 Axure 交互设计基础知识。
- 掌握鼠标悬浮和单击效果的制作技巧。
- 掌握焦点图切换效果的制作技巧。

随着互联网的快速发展,越来越多的公司需要产品设计人员具有交互设计方面的知识和交互设计能力,因此掌握交互设计相关知识变得越来越重要。那么,到底什么是交互设计? 交互设计的作用又是什么呢? 本章将针对交互设计及其相关知识进行详细讲解。

6.1 认识交互设计

交互设计起源于网站设计和图形设计,现在已经成为一个独立的领域。交互设计并非文字和图片的设计,而是设计用户触摸、点击或输入时与系统之间的互动。要了解交互设计,首先要知道什么是交互。本节对交互及交互设计进行讲解。

6.1.1 什么是交互

交互,即交流和互动。例如,当人和另一个人或者一个事物(如机器、系统、环境等)发生双向的信息交流和互动时,就是一种交互行为。但要注意的是,交流和互动必须是双向的,如果只有一方输出信息,而没有另一方的参与,那么只是信息展示而不是交流和互动。简单地说,交互就是一方输入,另一方作出反馈。图 6-1 所示的报纸是单向的信息展示,只能让人从中获取信息,而报纸不能反过来接收信息并作出反馈,所以不是交互。图 6-2 所示的登录界面会根据用户输入的内容作出正确和错误的反馈,有信息交流和互动,所以是交互。

图 6-1 报纸

图 6-2 登录界面

6.1.2　交互设计概述

交互设计是对交互行为的外在表现的设计。交互设计是对一个或者一系列交流和互动用文字、图像或文档等方式从内容、方式、规则等维度进行设计。例如图 6-3 所示的手机指纹解锁功能，当用户录入正确的指纹时，手机解锁，反之则会提示用户重新录入指纹或弹出输入密码界面。

图 6-3　手机指纹解锁功能

6.1.3　交互设计五要素

交互设计五要素指的是**媒介**、**场景**、**用户**、**行为**和**目的**。例如，对于图 6-4 所示的衣服图片和图 6-5 所示的虚拟试衣 App，前者只展示了衣服，没有用户、行为和目的；而后者包含了用户（试衣服的人）、媒介（试衣服的机器）、场景（商场的某家服装店内）、行为（用户的点击）和目的（试衣服、买衣服）等，是一个典型的交互设计。媒介和场景是已经存在的背景或环境，设计师重点关注的应该是用户、行为和目的这 3 个要素。下面对交互设计五要素分别进行讲解。

图 6-4　衣服图片

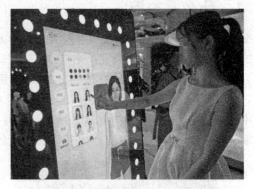

图 6-5　虚拟试衣 App

（1）媒介。可以理解为产品形态，产品无论是实体工具、App、网页、公众号、微信小程序还是其他形式，都属于媒介。

（2）场景。用户使用产品时所处的环境。例如，司机为了安全，一般会把手机固定在车载架上，这个就是滴滴出行司机端 App 的主要场景。

（3）用户。使用产品的人。互联网产品可能存在很多种用户，一定要以目标用户的研究为主。例如,某健康医疗 App 的目标用户为患有慢性疾病的中老年人和注重健康的年轻人。

(4)行为。用户在特定场景下利用特定媒介为了完成特定目的而做的动作,如点击、滑动、输入等。

(5)目的。用户想要达到的目标,也可以说是产品或功能的目的。使用产品时,不同用户可能有不同目标,一个用户也有可能有多个目标。明确用户的目标之后,交互计师再根据不同的目标设计相应的行为路径。烦琐的行为路径会导致用户放弃产品。

6.1.4　交互设计原则

了解交互设计原则,可以更好地设计产品。交互设计原则主要有可视原则、反馈原则、一致原则、启发原则、文字易读原则、防错原则、易取原则等,下面对交互的设计原则进行讲解,具体如下。

1. 可视原则

功能的可视性越好,越方便用户发现和了解使用方法。例如,进度条(如图 6-6 所示)可以让用户知道当前进度,从而降低用户的焦虑。

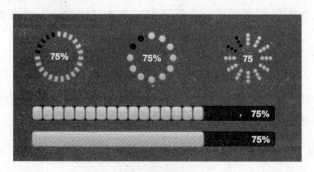

图 6-6　进度条

2. 反馈原则

反馈就是用户操作时系统所给的提示信息,以便用户能够正确地继续下一步操作。例如,图 6-7 给出了"当前使用人数过多,请稍后再试"的提示信息。

图 6-7　提示信息

3. 一致原则

保证同一系统的同一功能的表现及操作一致。例如,一个软件点赞的图标是心形,收藏的图标是星形,那么这个软件所有的点赞图标都要用心形,所有的收藏图标都要星形。

4. 启发原则

启发就是对某项功能准确的操作提示。例如鼠标悬停在某一图标上时显示解释性文字就是启发,如图 6-8 所示。

图 6-8   解释性文字

5. 文字易读原则

产品的一切表述都应该尽可能贴近用户(年龄、学历、文化、时代背景)。例如,提示"account 参数不能为空"这句话只有程序员能看懂,而"账号不能为空"才能被普通用户理解(详情可参考 6.1.5 节)。

6. 防错原则

对于比较谨慎的操作,需要弹出一个提示框。例如,"删除后不可恢复,您确定要删除该文件吗?"。

7. 易取原则

尽可能地减少用户的回忆或操作负担。例如,用户进入一个电商网站,想要查找某一商品,应该用最少的步骤让用户搜索到想要的结果。

6.1.5   页面提示语

互联网产品一般有两种反馈机制。一种是通过界面跳转或明显的界面变动进行反馈。例如,点击"朋友圈"按钮,界面即跳转至朋友圈界面;再如,点击歌曲播放按钮,歌曲随即播放。这种反馈机制一般不需要反馈提示。另一种是当某些特殊情况致界面没有响应或响应很慢时,则需要给予提示,若此时界面没有任何提示,则用户不确定自己的操作是否成功,会感到困惑。

注册过程中常用的页面提示语如表 6-1 所示。

表 6-1   注册过程中常用的页面提示语

情　　况	描　　述	提　示　语
手机号/密码为空	未输入手机号或密码	手机号/密码不能为空
手机号验证错误	手机号输入错误或已被注册	手机号格式不正确/该手机号已经被注册
密码少于 6 位	输入的密码少于 6 位	密码不能少于 6 位
验证码输入错误	输入正确的手机号、密码和错误的验证码	验证码不正确,请重新输入
无网络	手机未接入移动网络或 WiFi	当前网络不可用,请检查网络
登录正确	登录页面,输入正确的手机号和密码,点击"登录"按钮	登录中…

注意：表 6-1 中的页面提示语并不是固定的。页面提示语也有不同的表现方式，如图片形式、弹窗形式等。只要表达清楚，能让用户明白发生了什么事情，就是合格的提示语。

6.2 Axure 交互设计基础

使用 Axure 可以快速制作带有交互的原型图（低保真、高保真）。在 Axure 中创建的交互主要包含事件、用例、动作和交互样式 4 个模块，本节对这 4 个模块进行讲解。

6.2.1 事件

事件是可以被控件识别的操作。每一种控件都有自己可以识别的事件，如加载、单击、双击等事件，在 Axure 中，交互是由两种类型的事件触发的，分别是页面事件和元件事件，下面分别对这两个事件进行讲解。

1. 页面事件

页面事件是可以自动触发的，如加载页面时。若页面编辑区中无任何元件或未选中任何元件时，选择检查器中的"属性"面板，即可添加页面事件，如图 6-9 所示。下面对页面事件进行讲解。

- 页面载入时：当页面载入时触发。
- 窗口改变大小时：当浏览器窗口大小改变时触发。
- 窗口滚动时：当浏览器窗口滚动时触发。

需要注意的是，页面事件不止这 3 个，若需要添加其他页面事件，可在"更多事件"下拉列表中选择相应的事件，如图 6-10 所示。

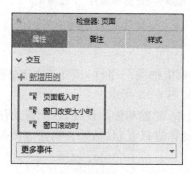

图 6-9　页面事件

图 6-10　页面事件的"更多事件"下拉列表

2. 元件事件

元件事件是指与页面中的元件直接交互。在页面编辑区中选中某一元件，选择检查器中的"属性"面板，即可添加元件事件，如图 6-11 所示，这些事件直接由用户触发，其中"鼠标单击时"就是最基本的触发事件，例如用户点击"登录"按钮。下面对元件事件进行讲解。

- 鼠标单击时：当元件被单击时触发。

- 鼠标移入时：当鼠标的光标移入元件范围内时触发。
- 鼠标移出时：当鼠标的光标移出元件范围时触发。

需要注意的是，元件事件不止这 3 个，若需要添加其他元件事件时，可以在"更多事件"下拉列表中选择相应的事件，如图 6-12 所示。

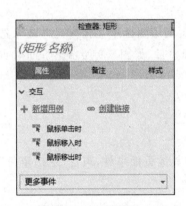

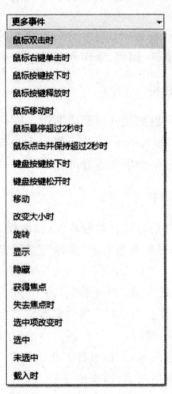

图 6-11   元件事件   图 6-12   元件事件的"更多事件"下拉列表

6.2.2   用例

用例是多个动作的组合。选中元件，双击"属性"面板中的某一事件，或单击 **+ 新增用例** 按钮，即可新增一个用例，并弹出"用例编辑器"对话框，如图 6-13 所示。

选择事件之后，需要对该事件进行新增动作、组织动作、配置动作的设置，在配置动作区设置的动作可在组织动作区显示，在组织动作区可以对动作进行复制、粘贴和删除等操作。

6.2.3   动作

动作是由用例定义的对事件的响应。图 6-13 的动作区内所示的选项即为动作。例如，点击一个元件滚动到另一个元件，这个用例的动作就是"滚动到元件"（锚点链接）。在 Axure 中，动作主要包括"链接""元件""变量""中继器"和"杂项"5 组，初学者掌握"链接"组和"元件"组中的简单动作即可。下面对"链接"组和"元件"组中的常用动作进行解释。

1."链接"组

"链接"组中的动作是针对页面的动作。常用动作有打开链接、关闭窗口、滚动到元件

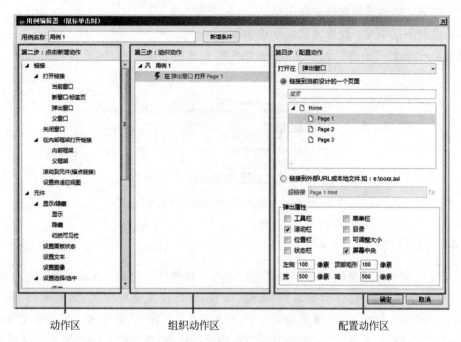

图 6-13　"用例编辑器"对话框

（锚点链接）等，具体解释如下。

（1）打开链接：触发元件时可以设置在 4 个窗口打开链接，分别是当前窗口、新窗口/标签页、弹出窗口和父窗口，其中，最常用的动作是在当前窗口和新窗口/标签页打开链接。

- 当前窗口：在当前窗口打开页面或外部链接。
- 新窗口/标签页：在新窗口/标签页打开页面或外部链接。

（2）关闭窗口：触发元件时关闭当前窗口，需要注意的是，关闭当前窗口动作只能关闭从页面打开的窗口，而不能关闭从另一个窗口打开的窗口。

（3）滚动到元件（锚点链接）：触发元件时，页面滚动到元件位置。

2. "元件"组

"元件"组主要用于设置某个元件的动作，如显示元件、设置文本、设置图片等，具体解释如下。

（1）显示/隐藏：分别用于将隐藏的元件设置为显示（可见）以及将显示的元件设置为隐藏（不可见）。

（2）设置面板状态：用于设置动态面板元件的状态（详见 6.3 节）。

（3）设置文本：当触发元件时，改变元件上的文字。

（4）设置图片：当触发元件时，改变图片。

（5）选中：设置元件为选中状态。需要注意的是，在设计元件为选中状态的交互之前，首先要在交互样式中设置元件的选中状态（详见 6.2.4 节）。

（6）启用/禁用：分别用于设置元件为可用的、可选择的以及设置元件为不可用的、不可选择的。

（7）移动：移动元件到特定的坐标。

（8）设置不透明度：设置元件的不透明度。

注意：一个事件可以有多个用例，一个用例也可以有多个动作，三者的关系如图 6-14 所示。

图 6-14 事件、用例和动作的关系

6.2.4 交互样式

交互样式用于设置当用户与元件交互时元件自身的样式变化。Axure 提供了 4 种交互样式，选中一个元件后，选择检查器的"属性"面板，即可设置交互样式，如图 6-15 所示。当选择其中一种交互样式时，会弹出如图 6-16 所示的"交互样式"对话框。需要注意的是，设置"选中"和"禁用"交互样式后，必须为其添加相应的用例，交互样式的效果才会显现出来。

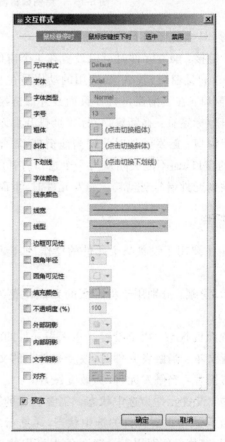

图 6-15 交互样式   **图 6-16 "交互样式"对话框**

例如,设计一个交互,当用户点击一个椭圆元件时,该椭圆元件的状态变为"禁用"。首先,需要在"交互样式"对话框中设置椭圆元件的"禁用"交互样式;其次,新增用例,在"用例编辑器"对话框中选择"禁用"选项,选择"椭圆"元件即可。

阶段案例:鼠标悬停、单击效果制作

本案例通过制作一个 Web 端 App 导航栏鼠标悬停、单击效果来演示 Axure 交互设计的基本操作。

1. 鼠标悬停效果

设置鼠标悬停效果可以提升用户体验。常见的网站导航、链接、按钮等都有鼠标悬停效果。图 6-17 和图 6-18 为未设置鼠标悬停效果和已设置鼠标悬停效果的导航栏。

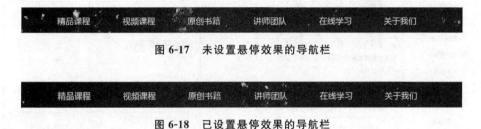

图 6-17 未设置悬停效果的导航栏

图 6-18 已设置悬停效果的导航栏

具体操作步骤如下。

Step1 打开"船客.rp"文件,如图 6-19 所示。

图 6-19 "船客.rp"文件

Step2 选中页面编辑区的文字元件,如图 6-20 所示。

图 6-20 选中文字元件

Step3 在"属性"面板中单击"鼠标悬停时"交互样式,在弹出的"交互样式"对话框中设置参数,即图 6-21 中用方框标示的 3 处。

Step4 按 Ctrl+S 键,在弹出的"另存为"对话框中单击"确定"按钮以保存文件。至此,鼠标悬停效果制作完成。单击 ▶ (预览)按钮,即可在浏览器中预览原型效果。

2. 鼠标单击效果

鼠标单击元件时可以执行关闭窗口、打开链接、设置文本/图片、选中/未选中等动作。下面以登录界面和手机标签栏为例,讲解页面跳转及选中效果的制作方法。

1)页面跳转效果

页面跳转是一种常见的交互。例如,在如图 6-22 所示的登录界面中,当用户单击"登录"按钮时，会跳转至另一页面。制作页面跳转效果的具体操作步骤如下：

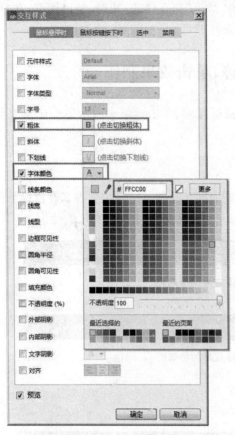

图 6-21 "交互样式"对话框   图 6-22 登录界面

Step1 打开"登录.rp"文件，选中按钮元件，在检查器的"属性"面板中双击"鼠标单击时"事件，如图 6-23 所示，即可弹出"用例编辑器"对话框，如图 6-24 所示。

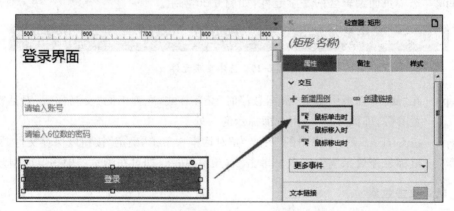

图 6-23 "登录"按钮的"鼠标单击时"事件

Step2 单击"打开链接"动作，在配置动作区的"打开在"下拉列表中选择"当前窗口"选项。

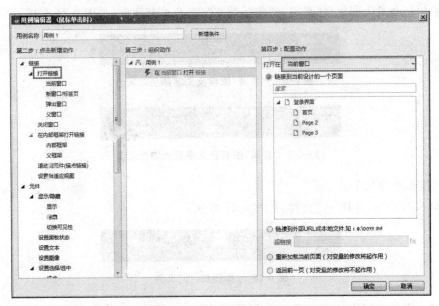

图 6-24 "用例编辑器"对话框

Step3 在"链接到当前设计的一个页面"单选按钮下方选择"首页",单击"确定"按钮,设置完成,如图 6-25 所示。

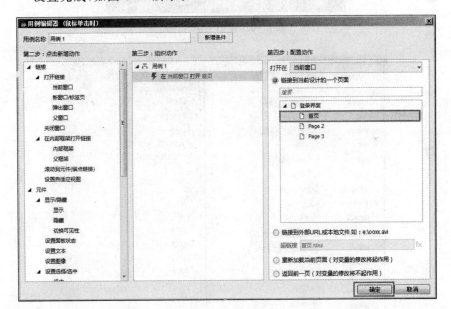

图 6-25 链接到首页

Step4 按 Ctrl＋S 组合键,在弹出的"另存为"对话框中单击"确定"按钮保存文件。至此,页面跳转效果制作完成。单击 ▶(预览)按钮,即可在浏览器中预览原型效果。

2) 选中效果

在移动端产品中我们经常会观察到标签栏内图标及文字的颜色变化。例如,当用户选中"首页"时,"首页"的图标及文字颜色会发生改变;当选中"快速打车"时,"快速打车"的图标及文字颜色会发生变化且"首页"的图标及文字颜色恢复正常,如图 6-26 和图 6-27 所示。

图 6-26 "首页"图标及文字颜色改变

图 6-27 "首页"图标及文字颜色恢复正常

具体操作步骤如下。

Step1 打开"标签栏.rp"文件,如图 6-28 所示。

图 6-28 "标签栏.rp"文件

Step2 在页面编辑区内选中 Icon 元件,如图 6-29 所示。在检查器的"属性"面板中,单击"选中"交互样式,弹出如图 6-30 所示的"交互样式"对话框。

图 6-29 选中 Icon 元件

图 6-30 "交互样式"对话框

Step3　在图 6-30 所示的对话框中勾选"填充颜色"复选框,并设置颜色值为 ♯FFCC00,如图 6-31 所示。单击"交互样式"对话框的"确定"按钮,完成交互样式设置。

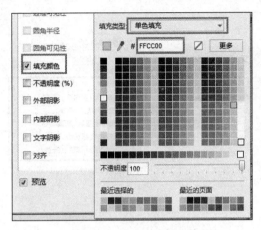

图 6-31　设置填充颜色

Step4　选中图标下方的文字,如图 6-32 所示。按照 Step2 和 Step3 的方法,将选中的文字颜色值设置为 ♯FFCC00。

图 6-32　选中文字元件

Step5　在页面编辑区内选中命名为"首页图标"的元件,在检查器的"属性"面板中,双击"鼠标单击时"事件,新增用例,弹出"用例编辑器"对话框,如图 6-33 所示。

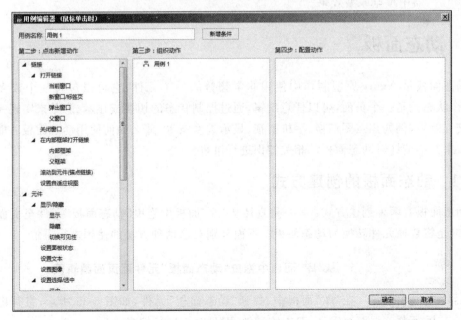

图 6-33　"用例编辑器"对话框

Step6　在动作区选择"元件"→"设置选择/选中"→"选中"选项,将"首页图标"和"首页文字"的选中状态值设置为"真",将其余元件的选中状态值设置为"假",如图 6-34 所示。

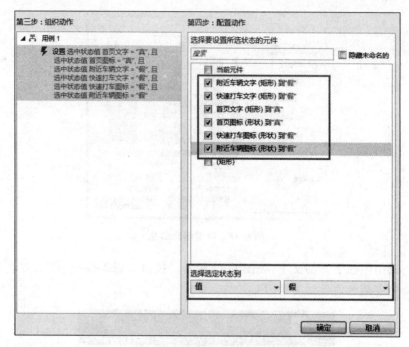

图 6-34　设置各个选中状态

Step7　按照 Step5 和 Step6 的方法,将"快速打车"和"附近车辆"的图标及文字的交互状态设置完成,按 Ctrl+S 组合键保存文件。单击 ▶(预览)按钮,即可在浏览器中预览原型效果。

6.3　动态面板

动态面板是 Axure 原型制作中使用非常频繁的一个元件,它可以包含一个或多个状态,每个状态就是一个页面,可以任意编辑,通过控制状态的切换或显示/隐藏来实现一些常见的交互效果,例如焦点图切换、手机解锁、显示进度条等,那么如何使用动态面板才能实现这些效果?本节针对动态面板的相关知识进行讲解。

6.3.1　动态面板的创建方式

动态面板有两种创建方式:其一是直接从"库"面板中拖曳"动态面板"元件至页面编辑区;其二是将普通元件转换为动态面板。下面分别对这两种方法的使用进行讲解。

动态面板

1. 从"库"面板中拖曳"动态面板"元件至页面编辑区

图 6-35　"动态面
板"元件

在"库"面板中,找到"动态面板"元件,如图 6-35 所示,将其拖曳至页面编辑区,双击该元件,即可对它进行编辑。

2. 将其他元件转换为动态面板

将任一元件拖曳至页面编辑区,右击该元件,在弹出的快捷菜单中选择"转换为动态面板"命令,即可将其他元件转换为动态面板,如图 6-36 所示。

图 6-36 将其他元件转换为动态面板

6.3.2 动态面板的使用

动态面板是分层的,相邻两层之间的关系是父子关系,层层包裹,每一层都是动态面板的一种状态,每一种状态有独立的显示内容,用户所看到的动态效果实际上就是动态面板切换它的状态。下面对动态面板的具体使用方法进行讲解。

1. 动态面板的状态

双击页面编辑区中的"动态面板"元件,即可打开"动态面板状态管理"对话框,如图 6-37 所示。在"动态面板状态管理"对话框中选中一个状态后,单击 🔳(编辑状态)按钮进入动态面板的编辑区,如图 6-38 所示,在这里可以对动态面板的状态进行编辑。

图 6-37 "动态面板状态管理"对话框

注意:图 6-38 中,虚线框以内的区域为动态面板的编辑区,超出虚线框范围的内容将不被显示。

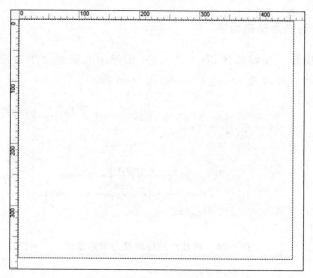

图 6-38　动态面板编辑区

2．动态面板的交互

动态面板的交互和其他元件的交互不一样，动态面板不能设置交互样式，但增加了更多的交互事件。图 6-39 和图 6-40 分别是普通元件(以矩形元件为例)和动态面板的交互事件。在"属性"面板中可以设置动态面板的滚动栏、位置(固定到浏览器)等，如图 6-41 和图 6-42 所示。通过动态面板可以制作焦点图切换效果、手指/鼠标滑动效果、标签栏切换效果等。

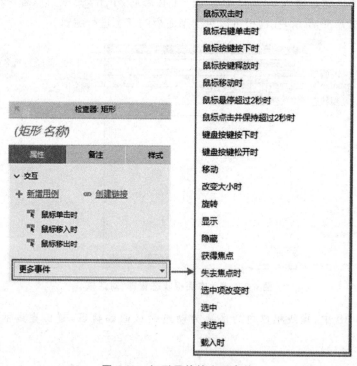

图 6-39　矩形元件的交互事件

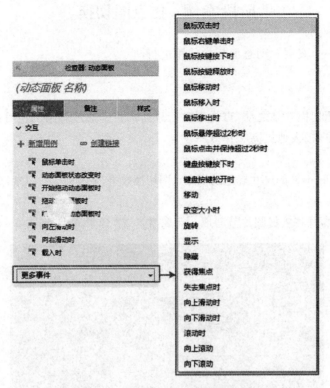

图 6-40　动态面板元件的交互事件

图 6-41　滚动栏设置

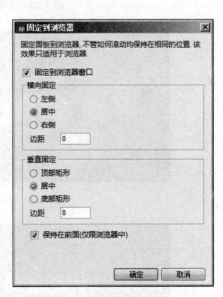

图 6-42　"固定到浏览器"对话框

阶段案例：焦点图切换

接下来通过一个案例对动态面板的使用进行演示。

1. 案例分析

在制作焦点图切换效果之前，首先要进行思路剖析。通过思路剖析可以明确制作流程，避免重复性的工作，极大地提高工作效率。

1）尺寸规范

本实例按照 iPhone 6 的尺寸规范制作焦点图切换效果，宽度为 375 像素，高度为 178 像素。

2）准备素材

选择素材图片，并将素材图片裁剪成 375 像素×178 像素大小，如图 6-43 至图 6-45 所示。

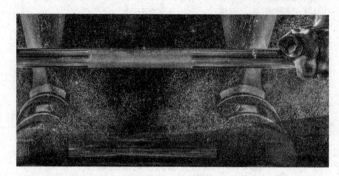

图 6-43　素材图片 1

图 6-44　素材图片 2

图 6-45　素材图片 3

3）分解流程

焦点图是一个常见的交互效果，无论是 App 还是网页，基本都会有焦点图切换效果，一般包括自动切换、手动切换以及手动切换后转为自动切换的效果。

焦点图自动切换是指不需要任何触发，当页面载入时动态面板自动切换状态的效果；手动切换是指有触发事件后动态面板切换状态的效果；手动切换后转为自动切换就是将两者结合的状态切换效果。在制作第三种效果之前，要先分别制作手动切换效果和自动切换效果。

2．**实现步骤**

1）手动切换焦点图

Step1 将动态面板元件拖曳至页面编辑区，将宽和高分别设置为 375 像素和 178 像素，如图 6-46 所示。

图 6-46　设置动态面板元件大小

Step2 双击页面编辑区内的动态面板元件，在"动态面板状态管理"对话框中，输入动态面板名称，如图 6-47 所示。

图 6-47　输入动态面板名称

Step3 双击"状态 1"，进入动态面板编辑区，拖入图片元件，将其大小调整至与动态面板相同，如图 6-48 所示。

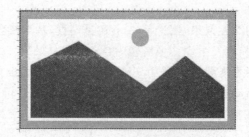

图 6-48　拖入图片元件

Step4　双击图片元件,将名为 1.jpg 的图片导入,如图 6-49 所示。

图 6-49　导入 1.jpg

Step5　回到 Home 页面,在页面编辑区中双击动态面板元件,在弹出的"动态面板状态管理"对话框中,选中"状态 1",两次单击 ▣（复制）按钮,得到"状态 2"和"状态 3",如图 6-50 所示。

图 6-50　复制"状态 1"得到"状态 2"和"状态 3"

Step6　按照 Step3 和 Step4 的方法,分别将图片 2.jpg 和 3.jpg 导入"状态 2"和"状态 3"中。

Step7　回到 Home 页面,从"库"面板中将两个箭头元件拖曳至页面编辑区,选中两个箭头元件,在"样式"面板中调整大小为 16 像素×28 像素,将填充颜色值设置为 ♯FFFFFF,将不透明度设置为 50%,效果如图 6-51 所示。

图 6-51 添加箭头元件

Step8　将箭头元件的"鼠标悬停时"交互样式的不透明度设置为 100％，如图 6-52 所示。

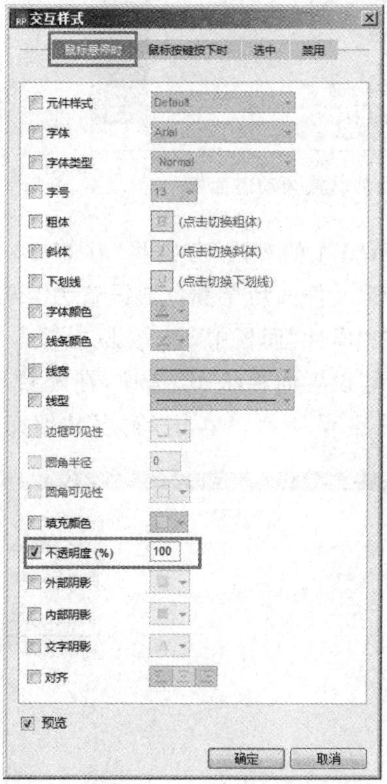

图 6-52 设置箭头元件"鼠标悬停时"交互样式

Step9　拖曳椭圆元件至页面编辑区，将元件大小设置为 12 像素×12 像素，在"样式"面板中设置边框线条颜色为"无"，将填充颜色值设置为＃F2F2F2，摆放位置如图 6-53 所示。

Step10　选择页面编辑区的椭圆元件，右击椭圆元件，在弹出的快捷菜单中选择"转换为动态面板"命令，如图 6-54 所示，在"检查器"面板中将该动态面板命名为"点"。

Step11　双击椭圆动态面板，在弹出的"动态面板状态管理"对话框中，双击"状态 1"，打开动态面板编辑区，将第一个椭圆元件的填充颜色值设置为＃FFCC00，效果如图 6-55 所示。

图 6-53   添加椭圆元件

图 6-54   将椭圆元件转换为动态面板

图 6-55   设置元件颜色

Step12   按照 Step05 和 Step11 的方法,分别将"状态 2"中的第二个椭圆元件和"状态 3"中的第三个椭圆元件的填充颜色值设置为♯FFCC00。

Step13   选中向右箭头,在"属性"面板中,双击"鼠标单击时"事件,在弹出的"用例编辑器"对话框中选择"设置面板状态"选项,在配置动作区设置交互动作,具体设置如图 6-56 和图 6-57 所示。单击"确定"按钮完成设置。

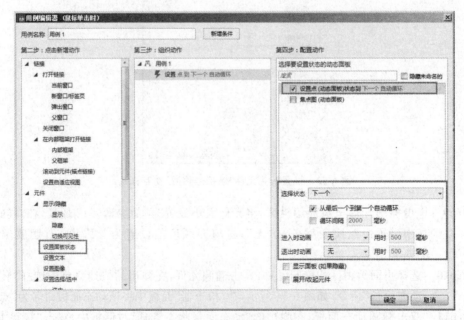

图 6-56   为向右箭头设置点的交互动作

图 6-57　为向右箭头设置焦点图的交互动作

Step14　按照 Step13 的方法设置向左箭头的交互动作，具体设置如图 6-58 和图 6-59 所示。单击"确定"按钮完成设置。

图 6-58　为向左箭头设置点的交互动作

Step15　按 Ctrl＋S 组合键，在弹出的"另存为"对话框中输入文件名称，如图 6-60 所示。单击"确定"按钮。至此，手动切换焦点图的交互动作制作完成。单击 ▶ （预览）按钮，即可在浏览器中预览原型效果。

图 6-59 为向左箭头设置焦点图的交互动作

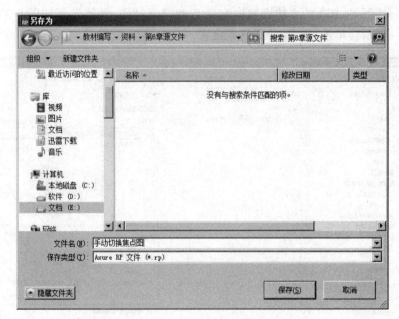

图 6-60 保存文件

2）自动切换焦点图

Step1 打开"手动切换焦点图.rp"文件，如图 6-61 所示。

Step2 单击页面编辑区空白处，在"属性"面板中双击"页面载入时"事件，新增一个用例，如图 6-62 所示。

Step3 在弹出的"用例编辑器"对话框中选择"设置面板状态"，具体设置如图 6-63 和图 6-64 所示。单击"确定"按钮。

图 6-61 "手动切换焦点图.rp"文件

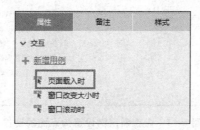

图 6-62 双击"页面载入时"事件新增用例

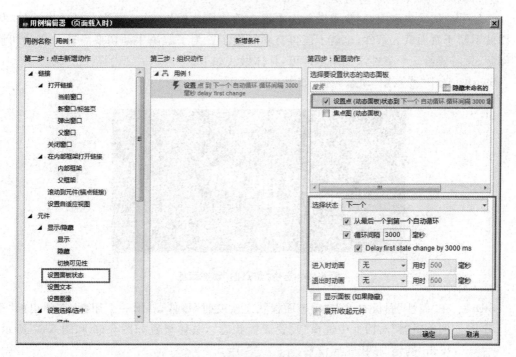

图 6-63 为新增用例设置点的动作

Step4 按 Ctrl＋S 组合键对文件进行保存,至此,自动切换焦点图的交互动作制作完成,单击 ▶(预览)按钮,即可在浏览器中预览原型效果。

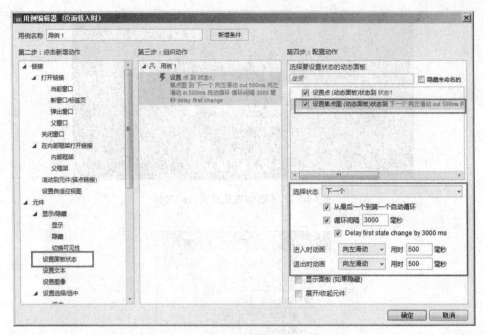

图 6-64   为新增用例设置焦点图的动作

3）手动切换后转为自动切换

一旦手动切换焦点图，则焦点图就失去了自动切换的效果，这是因为一旦单击元件，焦点图就不属于页面载入事件，也就不能再自动切换了。为了解决手动切换后转为自动切换的问题，只需要给一个事件添加用例即可，具体做法如下。

Step1   选中"焦点图"动态面板，如图 6-65 所示。

图 6-65   选中"焦点图"动态面板

Step2   在"属性"面板中单击"动态面板状态改变时"事件，新增一个用例，在弹出的"用例编辑器"对话框中选择"设置面板状态"，具体设置如图 6-66 和图 6-67 所示。单击"确定"按钮完成设置。

Step3   按 Ctrl＋S 组合键对文件进行保存，至此，3 种切换焦点图的交互动作都制作完成了，单击 ▶（预览）按钮，即可在浏览器中预览原型效果。

注意：本章制作的交互效果并不是产品级别的，并不能作为最终的产品使用，而是为了更好地与研发沟通和向上级汇报。

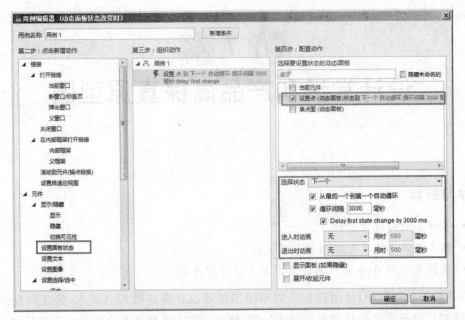

图 6-66　为新增用例设置点的交互动作

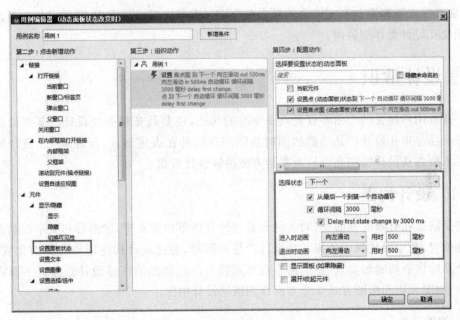

图 6-67　为新增用例设置焦点图的交互动作

第 7 章
设计常识和产品高保真原型图

学习目标

- 了解界面的设计常识。
- 熟悉产品高保真原型图的制作流程。
- 掌握洗刷刷 App 高保真原型图交互设计的方法。

在产品设计过程中,使用高保真原型图不仅可以显著降低沟通成本,保证开发流程顺畅,还能够帮助开发者模拟大多数使用场景,规避一些不必要的开发风险。在产品高保真原型图的设计阶段,产品经理也要掌握一些设计常识,针对页面的设计和交互效果提出优化意见,保证高保真原型图和真实产品的最大贴合度。本章将对设计常识、界面设计以及高保真原型图交互设计做详细讲解。

7.1 设计常识

一款被用户接受的产品不仅要具备卓越的功能,还要具备精美的设计。掌握设计常识能够让产品经理在设计产品功能的同时兼顾产品的外在表现形式,保证和 UI 设计师沟通顺畅。本节将从设计构图和设计色彩两方面讲解设计常识。

7.1.1 设计构图

构图就是在有限的画面中,对各种元素进行合理布局和安排,使图形和文字在画面中处于最佳位置,产生最佳视觉效果。在设计产品界面时,通过设计构图能够让界面化繁为简,突出产品的核心功能和卖点,使产品表现形式符合产品经理的产品设计思路。下面将从构图元素、构图原则和构图方式 3 个方面详细讲解设计构图。

1. 构图元素

构图是对界面上各类元素的组织和排列,这些元素可以概括为 3 类:点、线、面。点、线、面是从自然界抽象出来的简单造型元素,本身不具有太多的意义,主要用于分析元素之间的关系。

1)点

点是视觉设计中最基本的元素。这里的点不是指形状,而是指画面中处于重要位置的物体,是点缀丰富界面的元素。如图 7-1 所示,在画面中 3 个苹果就是整个画面的点。

图 7-1 点

在界面中,点在不同的位置,给人的感受也不同,如图 7-2 所示。

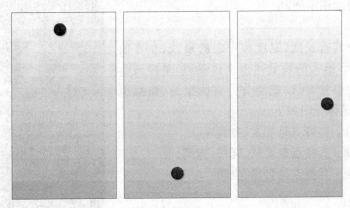

图 7-2 点的位置

在图 7-2 所示的画面中,3 个点分别位于画面的上面、下面和右侧。其中,上面的点给人活泼、不稳定的感觉,下面的点给人沉稳、呆板的感觉,右侧的点给人飘逸、下坠的感觉。

当画面中有很多零散的点时,用户的视线会移来移去,给人焦躁不安的感觉。界面设计的目的就是如何在不规则中不显得凌乱。通常采用放大焦点的方法,把想要突出的内容放大并且放在居中的位置,来凸显该元素,如图 7-3 所示。

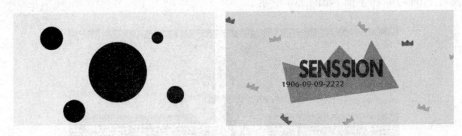

图 7-3 放大焦点

2)线

在设计中,线同样是一个抽象的概念,只有位置和长度。线在界面中起到连接、平衡以及分割的作用。只要是在整个界面中起到线的作用的元素,都可以称为线,例如一行文字、一条公路、一条色带等,如图 7-4 所示。

图 7-4   线

值得一提的是,线又分为曲线和直线。其中,直线表现为静,给人力量、稳定、坚韧的感觉;曲线表现为动,给人丰满、柔软、优雅的感觉。图 7-5 是线在设计中的运用示例。

3) 面

面在设计中具有长度、宽度和一定的形状,在界面中占的面积最大,给人的视觉冲击也最强烈,是界面的主体。根据面的形状,可以把面分为直线型面、曲线型面和不规则面,具体介绍如下。

- 直线型面:其特点是安定、有秩序。
- 曲线型面:其特点是柔软、轻松、饱满。
- 不规则面:其特点是自然、生动。

2. 构图原则

优秀的设计作品要具有构图的形式美。构图的形式美主要体现在构图原则上。常见的构图原则有均衡、对比、律动、视点等,具体介绍如下。

图 7-5   线的运用示例

1) 均衡

均衡是构图的基本原则,通常是指以画面中心为支点,画面左右、上下所呈现的结构"重量"在视觉上的均等和平衡,如图 7-6 所示。

图 7-6   均衡构图

在图 7-6 中,中间的树将画面分割成左右两个等量空间,给人稳定、静谧的感觉。通过均衡构图可以使各元素在布局上保持"重量"的均等平衡,从而使界面具有平衡感和稳定感。在界面设计中,设计师最习惯的做法是用堆成的方式保持均衡,如图 7-7 所示。

图 7-7　堆成的均衡构图

需要注意的是,均衡构图虽然平衡感和稳定感较强,但是绝对的均衡往往又会给人带来呆板、缺乏变化的感觉。因此设计师在实际运用中要适当把握均衡的对称关系,创造稳定又不呆板的形式美感。例如,图 7-7 左边的构图是一个左右均衡的构图结构,但右边并没有像左边那样运用一个大面积的色块,而是通过小色块的组合形成一个和左边大面积色块对等的均衡构图形式。

2) 对比

对比是指通过画面中不同元素之间的比较来突出和强化主体,给浏览者更强的视觉冲击。常见的对比有大小对比、粗细对比、疏密对比、曲直对比、明暗对比、虚实对比、远近对比、动静对比等,如图 7-8 和图 7-9 所示。

图 7-8　大小对比

图 7-9　虚实对比

在图 7-8 中,通过字符大小的对比,使画面具有空间感。在图 7-9 中,将背景虚化,凸显主体内容。在界面设计中,对比构图主要体现为大小或强弱的对比,如图 7-10 所示。

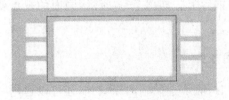

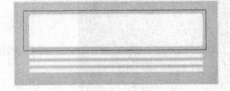

图 7-10　对比构图

在图 7-10 中,方框标示的区域可以放置一些重要的信息内容,通过面积大小的对比关系凸显这些内容。

3）律动

律动是指构图中的节奏和韵律。在设计中,节奏和韵律是构图的重要手段,也是构图应遵循的重要原则,主要表现在画面线条、形状、影调、色彩的有序重复和交替,如图 7-11 所示。

图 7-11　节奏和韵律

在图 7-11 中,虽然画面展示的商品相同,但是通过不同的色彩及标识位置的变化,让画面更有韵律和趣味性。在构图中,节奏和韵律是设计师表达情感的手段,可以激发和丰富用户的想象力。在设计中,任何物体、任何构图要素都可以用重复的办法形成节奏,然后通过韵律的变化,使其具有趣味性。图 7-12 所示的色块就符合界面设计中律动的原则。

图 7-12　符合律动原则的色块

图 7-13　视点

4）视点

视点(也称视觉焦点)指的是画面的视觉中心。在构图中,视点原则就是每个界面都要有一个视觉中心,在视觉中心放置的一定是界面中最重要的内容,以此为基础进行构图,能更突出地表现视觉主体,并将用户的注意力集中到主要内容上。如图 7-13 所示,画面的视点就是中间的按钮。

3. 构图方式

在构图时,除了遵循构图原则外,还可以运用一些常见的构图方式,如黄金分割构图、对角式构图、三角构图、十字形构图、曲线构图等,具体介绍如下。

1）黄金分割构图

黄金分割是指将整体一分为二,较大的部分与整体的比值等于较小的部分与较大的部分的比值,其比值约为 0.618。按这个比例进行分割被公认为是最能引起美感,因此这种分割被称为黄金分割。在构图时,常用 2∶3、3∶5、5∶8 等近似黄金分割的比例关系进行构图,这种构图方式也被称为黄金分割构图。图 7-14 所示的手表便处于黄金分割的位置。

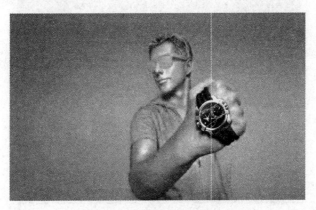

图 7-14 黄金分割构图

值得一提的是,在构图中还有一种特殊的构图方式——九宫格构图。九宫格构图就是在画面上横、竖各画两条与边平行、等分画面的直线,将画面分成 9 个相等的格,在中心格 4 个角之一的位置安排主体,如图 7-15 所示。

图 7-15 九宫格构图

在图 7-15 中,中心格的 4 个点都符合黄金分割律,是表现画面美感和张力的绝佳位置,因此九宫格构图也属于黄金分割构图的一种形式。在界面设计中,九宫格给用户一目了然的感觉,操作也非常便捷。图 7-16 是九宫格构图在手机界面中的应用示例。

2)对角式构图

对角式构图是将主体安排在对角线上,达到突出中心内容的效果。这样的构图方式富于变化、生动、线条感分明。图 7-17 的饮品广告就是典型的对角式构图。

3)三角构图

三角构图也称金字塔式构图。在画面中,三角构图会将 3 个视觉中心定为三角形的 3

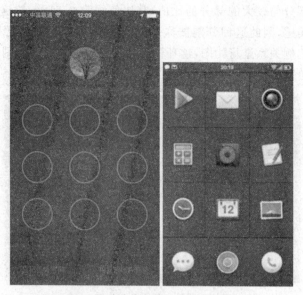

图 7-16　手机界面设计中的九宫格构图

图 7-17　对角式构图

个顶点，或利用三点成一面的几何形元素形成一个三角形。采用三角构图稳定又不乏时尚，均衡又能突出重点。图 7-18 所示的图片就是一个典型的三角构图。

需要注意的是，三角构图并不一定要有三角形，在界面设计中，通过文字、图片的组合也可以形成三角构图，如图 7-19 所示。

在图 7-19 中，头像、姓名和数据三者有不同宽度，形成了一个三角构图。需要注意的是，三角构图既可以是正三角形，还可以是倒三角形或者斜三角形，如图 7-20 所示。

4）十字形构图

十字形是两条线的垂直交叉，无论两条线的倾斜度如何变化，人的视觉中心都会集中在十字形的交叉点上。十字形构图的纵深感强，会把人们视线由四周引向中心，适于空间感的表现。图 7-21 所示的手机广告图就采用了十字形构图。

图 7-18　三角构图

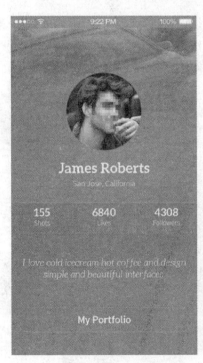

图 7-19　三角构图 1

正三角形　　倒三角形　　斜三角形

图 7-20　三角构图 2

图 7-21　十字形构图

5）曲线构图

曲线构图所包含的曲线分为规则形曲线和不规则曲线,给人以柔和、浪漫、优雅的感觉。在设计中曲线的应用非常广泛,表现手法也是多样的,可以运用对角式曲线构图、S 形曲线构图等。图 7-23 所示的商品展示图片就是一个典型的 S 形曲线构图。

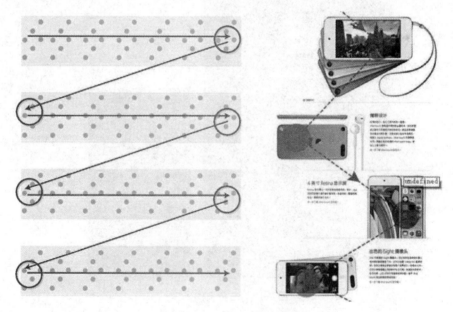

图 7-22　S 式曲线构图

仔细观察图 7-22,可以看出 S 形曲线构图其实就是按照视线由左至右、由上至下的轨迹布置画面元素。其中每个转角处是人的视线停留时间最长的地方,所以应该把想要突出的产品或功能放在转角位置。

值得一提的是,还有一种特殊的构图形式——环形构图,它属于曲线构图的一种。采用环形构图,主体四周会被圆形的色条或色块包围,起到突出和强调主体的作用。图 7-23 所示界面就采用了环形构图。

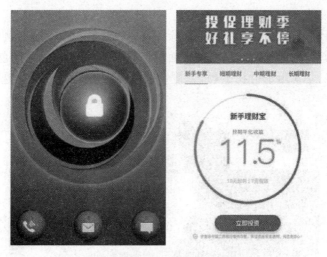

图 7-23　环形设计

7.1.2　设计色彩

一款产品呈现的页面内容是否能令用户赏心悦目,产生良好的用户体验,不仅取决于页面的设计结构,还取决于色彩的选择和搭配。下面将对界面设计中色彩的相关知识做详细讲解。

1. 色彩的分类

在界面设计中,色彩通常分为 3 类,分别为主题色、辅助色、点缀色。下面对色彩的这 3 种分类进行详解介绍。

1)主题色

主题色是一个界面中最主要的色彩,界面中面积较大的色彩、装饰图形色彩或者主要模块使用的色彩一般都是主题色。在界面配色中,主题色是配色的中心色,主要是以页面中整体栏目或中心图像所形成的中等面积的色块为主。例如,图 7-24 就是选择蓝色作为主题色的 App 的界面。

图 7-24　主题色

2）辅助色

一个界面中通常都存在不止一种色彩，除了具有视觉中心作用的主题色之外，还有用于呼应主题色的辅助色，辅助色的作用是使页面配色更完美、更丰富。辅助色的视觉重要性和面积仅次于主题色，常常用于衬托主题色，使主题色更突出。图 7-25 为选用浅蓝色作为辅助色的页面。

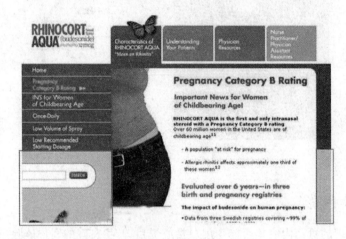

图 7-25　辅助色

3）点缀色

点缀色通常用来打破单调的网页整体效果，营造生动的网页空间氛围，所以在网页设计中通常以对比强烈或较为鲜艳的色彩作为点缀色。在网页设计中，点缀色的应用面积越小，色彩越强，点缀色的效果才会越突出。图 7-26 为选用绿色作为点缀色的界面。

图 7-26　点缀色

2. 色彩的属性

色彩的 3 种属性是色相、饱和度、明度，任何一种色彩都有这 3 种属性。下面对这 3 种属性做具体介绍。

1）色相

色相是色彩的首要特征,是区别不同色彩最准确的标准。同一物体在不同波长的光的照射下,人眼会感觉到不同的色彩,如图 7-27 所示。

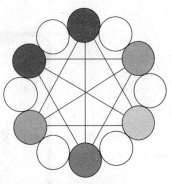

图 7-27　色相

2）饱和度

饱和度也称为纯度,是指色彩的鲜艳度。饱和度越高,色彩也越鲜艳。一种色彩与其他色彩混合,饱和度就会下降,色彩就会变暗、变淡。当色彩的饱和度降到最低时就会失去色相,变为无色彩(黑、白、灰),如图 7-28 所示。

图 7-28　饱和度

3）明度

明度指的是色彩光亮的程度。所有色彩都有不同程度的光亮。在图 7-29 中,最左侧的红色明度高,最右侧的红色明度低。在无色彩中,明度最高的为白色,中间是灰色,最低的为黑色。需要注意的是,色彩明度的变化往往会影响到饱和度。例如,红色加入白色后,明度提高了,饱和度却会降低。

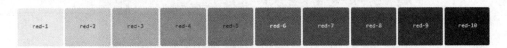

图 7-29　明度

3. 色彩的象征意义

在色彩心理学中,色彩还蕴含着象征意义。不同的色彩会带给人不同的心理感受。

1）红色

红色是热烈、冲动、强有力的色彩。红色代表热情、活泼、热闹,容易引起人的注意,也容易使人兴奋、激动、冲动。此外,红色也代表警告、危险等含义。如果在设计中添加红色,可以带给人兴奋和激情的感觉。图 7-30 为选用红色作为主题色的界面。

2）橙色

橙色是一种充满生机和活力的颜色,象征着收获、富足和快乐。橙色虽然不像红色那样强烈,但也能吸引用户的注意力。橙色常用于食物、促销等内容。图 7-31 为选用橙色作为主题色的界面。

3）黄色

黄色是一种明朗、愉快的颜色,饱和度较高,象征着光明、温暖和希望。通常儿童更喜欢明快的色彩,在设计中加入黄色更能营造出活力感。图 7-32 为选用黄色作为主题色的界面。

图 7-30   以红色为主题色的界面

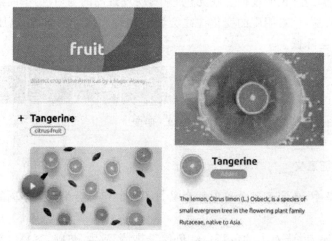

图 7-31   以橙色为主题色的界面

4）绿色

绿色是一种清爽、平和、安稳的颜色,象征着和平、新鲜和健康。在设计中添加绿色可以带给人健康的感觉。图 7-33 为选用绿色作用主题色的界面。

5）蓝色

蓝色一种安静的冷色调颜色,象征着沉稳和智慧,因此一些科技类的企业网站通常会使用蓝色作为主题色。图 7-34 所示的 App 界面选用蓝色作为主题色。

6）紫色

紫色是一种高贵的色彩,象征着雍容、优雅、奢华。中国传统文件中以紫色为高贵的色彩。图 7-35 所示的页面选用紫色来营造优雅、奢华的氛围。

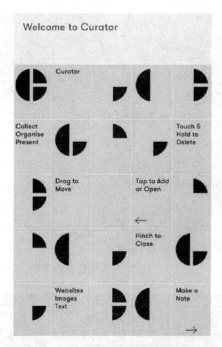

图 7-32 以黄色为主题色的界面

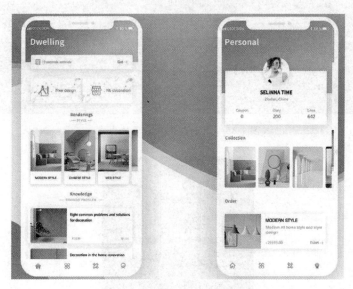

图 7-33 以绿色为主题色的界面

7）黑色

黑色作为设计中使用最广泛的颜色之一,象征着权威、高雅、低调和创意,此外也象征着执着、冷漠和防御,是设计中的百搭颜色。图 7-36 所示的 App 界面选用黑色作为主题色。

8）白色

白色同样是设计中使用最广泛的颜色之一,象征着纯洁、神圣、善良。此外,白色还象征着恐怖和死亡。在设计中,通常用白色作为主题色,以大范围的留白彰显设计格调,图 7-37 所示的 App 界面就使用了大面积的白色。

图 7-34 以蓝色为主题色的界面

图 7-35 以紫色为主题色的界面

图 7-36 以黑色为主题色的界面

图 7-37　以白色为主题色的界面

7.2　洗刷刷 App 高保真原型图制作

在产品设计中,高保真原型图就是低保真原型图、交互逻辑和 UI 设计效果的综合产物。高保真原型图既具备产品的功能和交互逻辑,又具备良好的视觉效果。本节将从界面效果、切图、原型模板、原型尺寸、交互效果等方面详细讲解洗刷刷 App 高保真原型图的制作过程。

7.2.1　界面设计

随着软件应用的广泛普及,人们对于产品的要求也逐步提高,用户不仅重视产品功能实用性,而且需要精美的界面设计来提升产品体验。在高保真产品界面设计中,可以从设计风格、颜色和字体 3 方面对界面设计效果进行整体把控。如图 7-38 所示为洗刷刷 App 的部分页面效果截图。

图 7-38　洗刷刷 App 界面设计

1．设计风格

在洗刷刷 App 的界面设计中,整体采用扁平化的设计风格,降低了图形的复杂程度,简化了装饰效果的运用,将各部分组件以最简单和直接的方式呈现出来,以消除用户的认知障碍。例如,图 7-39 所示的图标就采用了扁平化的设计风格,摒弃了冗余的装饰效果(如高光、阴影、纹理、渐变等),通过线条简单地勾勒出图标的轮廓,给用户以简单、干净、利落的感觉。

图 7-39　洗刷刷 App 界面图标

2．色彩

在 App 界面设计中,色彩可以给用户最直观的视觉冲击。运用不同的色彩搭配,可以产生各种各样的视觉效果,带给用户不同的视觉体会,因此色彩至关重要。当 App 的设计风格确定后,接下来就要确定其主题色和辅助色。

本项目是针对洗车类 App 进行设计,主题色选取代表稳重、清爽、干净的青色,辅助色选取百搭的浅灰色,点缀色选取饱和度较高的橙色。这 3 个色彩的 R、G、B 色值如图 7-40 所示。

3．字体

在 App 中,字体一般为操作系统默认的字体。例如,在 iOS 9 系统中,英文字体为 San Francisco,中文字体为"苹方";在 Android 5.0 系统中,英文字体为 Roboto,中文字体为"思源黑体"。例如,洗刷刷 App 需要在苹果手机上测试,则可以选择使用 iOS 系统默认字体。图 7-41 为"苹方"字体样式。

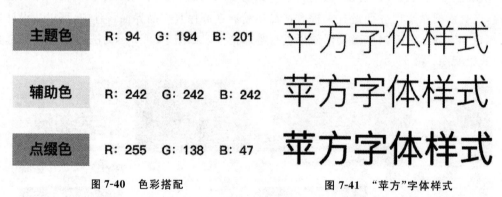

主题色	R：94　G：194　B：201
辅助色	R：242　G：242　B：242
点缀色	R：255　G：138　B：47

图 7-40　色彩搭配　　　　　　　　图 7-41　"苹方"字体样式

7.2.2　切图

切图是指将设计效果图切成便于前端工程师书写代码时使用的图片。在移动端界面中,在为某些单独的元素添加交互效果时,就需要将其切出,并使之适配不同的屏幕分辨率。图 7-42 为 iPhone 手机的标准版和 Plus 版的图标。

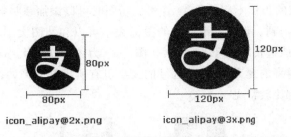

icon_alipay@2x.png　　　　　icon_alipay@3x.png

图 7-42　iPhone 手机的标准版和 Plus 版的图标

需要切图的对象包括所有图标和控件.要添加交互效果以及代码书写比较困难的小图标都需要进行切图。例如,当鼠标悬浮在图 7-43 所示的洗刷刷 App 图标上时,图标会出现明度的变化,因此需要把这些有交互效果的图标单独切出。

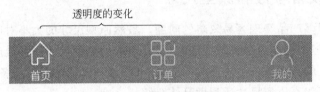

图 7-43　洗刷刷 App 图标

值得一提的是,在切图时,需要特别注意以下的基本原则:

(1) 切图尺寸(像素数)应该为偶数,这是为了保证切图资源可以适配不同的机型。

(2) 压缩文件大小。在界面设计中,有些图片也需要切图,如引导页、启动页、默认图等。这些图片文件都较大,不利于用户在使用 App 过程中加载页面,因此可以将图片在不影响识别的情况下压缩到最小。压缩文件大小可使用 Photoshop 软件自带的文件压缩功能,也可通过一些图片压缩网站进行。压缩过的文件用肉眼基本上分辨不出压缩的损失。图 7-44 为使用 TinyPNG 网站压缩图片文件前后的效果对比。

图 7-44　图片文件压缩前后的效果对比

（3）可点击区域的边长不应低于 44 像素。切图时可以添加一些空白面积，增加触碰面积，保证用户可以点击到。设计基准图中的图标大小可以和切图大小不一致。要保证切图面积，使可点击区域的边长不低于 44 像素。图 7-45 为图标实际大小和增加空白面积后的大小。随着手机分辨率的提升，可点击区域的大小也有所提升。例如，边长为 66 像素和 88 像素的可点击区域也比较常见。

图 7-45　图标的实际大小和增加空白面积后的大小

7.2.3　移动设备参数和原型尺寸

原型尺寸是很多产品经理容易忽略的问题。虽然原型尺寸的大小对产品的功能和逻辑没有任何的影响，但在制作高保真原型图时，符合需求的原型尺寸能够让产品的演示效果更逼真。目前市场上的移动设备主要分为两类，即 iOS 设备和 Android 设备，下面将对这两类设备的参数以及高保真原型尺寸适配做具体介绍。

1. iOS 设备参数

目前市场上的 iOS 设备主要有 iPhone 3 GS、iPhone 4/4S、iPhone 5/5S/5C/SE、iPhone 6/6S/7/8、iPhone 6 Plus/6S Plus/7 Plus/8 Plus、iPad、iPad mini、iPad Pro 等型号，它们的具体参数如表 7-1 所示。

表 7-1　iOS 设备参数

型　号	分　辨　率	屏幕尺寸/in	PPI	倍率
iPhone 3 GS	320 像素×480 像素	3.5	163	@1x
iPhone 4/4S	640 像素×960 像素	3.5	326	@2x
iPhone 5/5S/5C/SE	640 像素×1136 像素	4.0	326	@2x
iPhone 6/6S/7/8	750 像素×1334 像素	4.7	326	@2x
iPhone 6 Plus/6S Plus/7 Plus/8 Plus	1242 像素×2280 像素	5.5	401	@3x
iPad	2048 像素×1536 像素	9.7	264	@2x
iPad mini	2048 像素×1536 像素	7.9	326	@2x
iPad Pro	2732 像素×2048 像素	12.9	264	@2x

在表 7-1 中出现了"倍率"这一概念。倍率是苹果公司为不同分辨率的设备统一设计尺寸而做的标注，包括@1x、@2x 和@3x，其中：

- @1x 适用于非 Retina 屏的 iPhone。iPhone 4 以前的手机需要使用该标注。
- @2x 适用于 Retina 屏的苹果设备。iPhone4/4S/5/5S/5C/SE/6/6S/7/8 和 iPad 等使用该标注。

- @3x 适用于 iPhone Plus 系列手机。iPhone 6 Plus/6S Plus /7 Plus 使用该标注。

可以简单地将它们理解为倍数关系,如果使用 750 像素×1334 像素做设计稿,那么切片输出就是@2x,缩小为 1/2 倍就是@1x,扩大为 1.5 倍就是@3x。所以在界面设计中,设计师只需设计一套基准图,切出两套图(@2x 和@3x)即可满足 iOS 设备的所有型号(@1x 的型号基本已经被淘汰了)。

2. Android 设备参数

Android 系统是一个开放的系统,可以由开发者自行定义,所以屏幕尺寸规格比较多元化。为了简化设计并且兼容更多手机屏幕尺寸,Android 系统平台按照像素密度将手机屏幕划分为低密度屏幕(LDPI)、中密度屏幕(MDPI)、高密度屏幕(HDPI)、X 高密度屏幕(XHDPI)、XX 高密度屏幕(XXHDPI)、XXX 高密度屏幕(XXXHDPI)6 类,具体参数如表 7-2 所示。

表 7-2　Android 设备参数

屏幕像素密度	倍　　率	分　辨　率	屏幕尺寸/in
LDPI	0.75	240 像素×320 像素	2.7
MDPI	1	320 像素×480 像素	3.2
HDPI	1.5	480 像素×800 像素	3.4
XHDPI	2	720 像素×1280 像素	4.65
XXHDPI	3	1080 像素×1920 像素	5.2
XXXHDPI	4	1440 像素×2560 像素	5.96

在表 7-2 中列举了 Android 设备 6 种屏幕像素密度的参数。其中,"倍率"是 Android 自定义的一个无量纲的开发长度单位,用 dp 表示,根据屏幕像素密度的不同,倍率与像素有以下几种关系:

- 当屏幕密度为 LDPI 时,1dp=0.75 像素。
- 当屏幕密度为 MDPI 时,1dp=1 像素。
- 当屏幕密度为 HDPI 时,1dp=1.5 像素。
- 当屏幕密度为 XHDPI 时,1dp=2 像素。
- 当屏幕密度为 XXHDPI 时,1dp=3 像素。
- 当屏幕密度为 XXXHDPI 时,1dp=4 像素。

例如,在 MDPI 屏幕像素密度下制作的图标尺寸是 32 像素×32 像素,如果要适配到 XHDPI 屏幕像素密度的设备,就需要将图标尺寸扩大一倍,即 64 像素×64 像素。需要注意是,虽然 Android 设备的屏幕尺寸规格较多,但在设计时,设计师只需要考虑设计 720 像素×1280 像素的分辨率即可。

3. App 高保真原型尺寸

在使用 Axure 制作高保真原型图时,如果要在一个或多个设备中测试产品原型,首先要确定移动设备的屏幕分辨率,再根据屏幕分辨率来确定原型的大小。例如,iPhone 6 的屏幕分辨率为 750 像素×1334 像素,但是在 Axure 中要设计适用于 iPhone 6 的 App 原型尺寸应为 375 像素×667 像素。这是为什么呢?

　　因为像素和屏幕分辨率有一定的倍率关系,不同的屏幕像素密度,对应的倍率也不同。例如,iOS 设备在@1x 的倍率下,1 像素就等于实际的 1 像素;在@2x 的倍率下,1 像素就等于实际的 2 像素。由于在 Axure 中制作的高保真原型图也遵循这种倍率关系,因此屏幕分辨率为 750 像素×1334 像素的 iPhone 6,其实际原型尺寸应该为 375 像素×667 像素。表 7-3 给出了 iOS 设备常见的原型尺寸。

表 7-3　iOS 设备常见的原型尺寸

型　　号	倍　　率	原 型 尺 寸
iPhone 5/5S/5C/SE	@2x	320 像素×568 像素
iPhone 6/6S/7/8	@2x	375 像素×667 像素
iPhone 6 Plus/6S Plus/7 Plus/8 Plus	@3x	414 像素×736 像素

　　本章制作的洗刷刷 App 高保真原型图将采用 iPhone 6 进行测试。

7.2.4　创建原型模板

　　在观看一些高保真原型演示的时候,我们会发现高保真界面一般都内置在手机模型中,如图 7-46 所示。这些用于内置高保真界面的模型称为原型模板。

图 7-46　App 高保真原型图演示

　　在高保真原型图设计中,原型模板是专门用于展示高保真界面的一个页面,通常位于页面面板最顶层,由"手机模型"元件、"内部框架"元件、辅助线以及公共模块(如手机状态栏)组成。其中,"手机模型"元件可以使用下载的原型模板,通过载入的方式保存到库面板中;"内部框架"是元件库中的一个元件,用于载入高保真页面;手机状态栏可以使用 UI 设计师制作的效果图。

阶段案例：洗刷刷 App 高保真原型图模板

了解了原型图模板的结构，下面将以洗刷刷 App 高保真原型图模板为例做具体演示。首先需要准备手机模型素材和手机状态栏效果图，如图 7-47 所示。

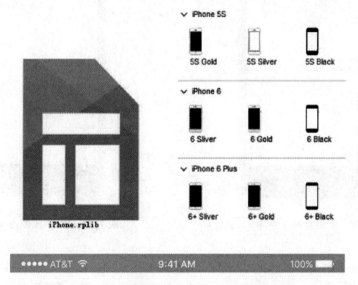

图 7-47　手机模型素材和手机状态栏效果图

接下来制作洗刷刷 App 高保真原型图模板，具体步骤如下：

Step1　打开 Axure 软件，在库面板中载入名为 iPhone.rplib 的元件库。

Step2　在页面面板的最顶层新建页面，并将其命名为"模板原型"，如图 7-48 所示。

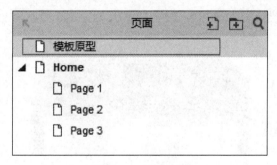

图 7-48　新建页面

Step3　从元件库中将 iPhone 6 Black 模型拖曳到"模板原型"页面，并紧贴标尺的 0 刻度，如图 7-49 所示。

Step4　从元件库中将"内部框架"元件拖曳到"模板原型"页面中，设置宽和高为 375 像素和 667 像素，放置在和手机屏幕重合的位置，如图 7-50 所示。

Step5　选中"内部框架"元件，右击该元件，在弹出的快捷菜单中选择"显示/隐藏边框"命令，隐藏"内部框架"元件的边框；再选择"滚动栏"→"从不显示横向和纵向滚动条"命令，隐藏滚动条。"内部框架"元件设置如图 7-51 所示。

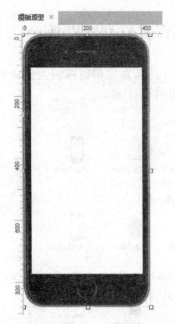

图 7-49　使用 iPhone 6 Black 模型

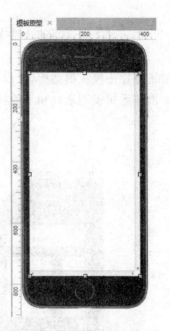

图 7-50　使用"内部框架"元件

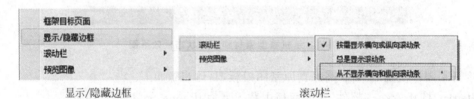

显示/隐藏边框　　　　　　　　　　滚动栏

图 7-51　"内部框架"元件设置

Step6　将素材"状态栏. png"拖入文档，调整大小为 375 像素×20 像素，放置在图 7-52 所示位置。

图 7-52　状态栏

Step7　将页面面板中名为 home 的页面改为"首页"，并删除子页面。

Step8　双击页面编辑区中的"内部框架"元件，打开如图 7-53 所示的"链接属性"对话框，将"模板原型"链接到"首页"。

Step9　双击"首页"，进入页面编辑区。执行"布局"→"网格和辅助线"→"创建辅助线"命令，打开"创建辅助线"对话框，按照图 7-54 所示设置各参数，在距顶部 20 像素、距左侧 375 像素位置创建全局辅助线，分割出界面内容部分，如图 7-55 所示。

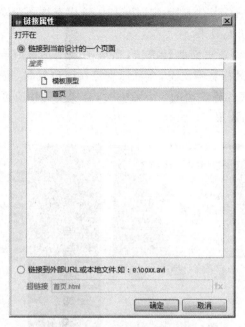

图 7-53 "链接属性"对话框

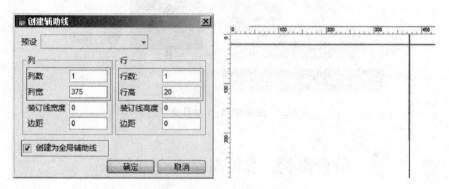

图 7-54 创建全局辅助线

7.2.5 高保真页面交互效果

随着技术的不断进步,页面中能够实现的交互效果也越来越炫酷,越来越复杂。这些复杂特效的形成机制很简单,都是在一些基础交互效果上演变而来的。在 App 原型交互设计中都离不开页面切换、鼠标状态、页面滚动、图片轮播等简单的交互效果。下面在洗刷刷 App 高保真原型模板的基础上,以首页和"积分商城"页面为例,演示洗刷刷 App 高保真页面的基本交互效果的制作方法。

1. 洗刷刷 App 首页交互效果分析

在首页中,交互效果有五个,分别为定位图标点击效果、焦点图切换效果、页面跳转效果、标签栏切换效果,具体交互效果的位置如图 7-55 所示。

- 位置①:定位图标点击效果。当点击定位图标 北京 时,会向左滑出地图模态视图,如图 7-55 右侧所示；当点击"确定"按钮时，该模态视图会隐藏。

- 位置③：焦点图切换效果。
- 位置②、④~⑧：设置页面跳转链接，当点击某个图标时会跳转到相应页面。其中位置 8 可以设置鼠标悬停状态，当鼠标悬停在该位置时，按钮会改变颜色。
- 位置⑨：当点击底部标签栏的 3 个图标时，会切换到相应页面，同时图标处于选中状态，变为不透明的效果。

图 7-55　洗刷刷 App 首页交互效果

阶段案例：首页高保真交互效果

根据前面的分析，可以分 4 个阶段实现首页高保真交互效果，具体如下。

（1）实现定位图标点击效果。

Step1　打开前面制作好的"高保真原型模板.rp"文件，双击"首页"，进入页面编辑区。

Step2　将素材"首页背景.jpg"拖曳到页面编辑区，图片顶端和全局辅助线对齐，设置其宽和高为 375 像素和 647 像素，如图 7-56 所示。

Step3　选择"图像热区"元件，绘制一个宽高为 70 像素和 44 像素的热区，放置在定位图标上，如图 7-57 所示。

Step4　导入"地图模态视图.png"，将其宽和高设置为 375 像素和 647 像素，覆盖在首页上面，如图 7-58 所示。

Step5　将地图模态视图转换为动态面板，命名为"地图"。右击该动态面板，在弹出的快捷菜单中选择"设置隐藏"命令。

Step6　选中定位图标上的热区，在检查器中选择"属性"面板，双击"鼠标单击时"选项，如图 7-59 所示，打开"用例编辑器"面板。

图 7-56 首页背景

图 7-57 创建热区

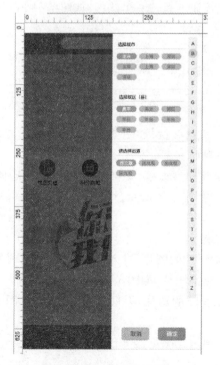

图 7-58 地图模态视图

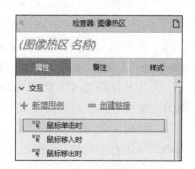

图 7-59 检查器的"属性"面板

Step7 在"用例编辑器"对话框中,第二步选择"显示",第四步勾选"地图(动态面板)",
设置"动画"为"向左滑动",具体设置如图 7-60 所示。

图 7-60　设置定位图标用例

Step8 打开"状态 1"里的地图图片,在"确定"按钮上新建一个热区,如图 7-61 所示。

Step9 为新的热区设置鼠标单击状态,具体参数设置如图 7-62 所示。

Step10 单击右上角的 ▶(预览)按钮(或按 F5 键),在浏览器中预览交互效果。

图 7-61　为"确定"按钮新建热区

(2)实现焦点图切换效果。

制作焦点图切换效果,可以直接使用第 6 章的案例素材,如图 7-63 所示。然后将素材中的图片替换为焦点图素材图片即可,具体操作步骤如下。

Step1 将"焦点图切换"文件直接复制到"高保真原型模板"文件的首页中,在"大纲"面板中将"地图(动态面板)"调至最上层,如图 7-64 所示。单击其右侧的 ▣(隐藏)按钮,隐藏"地图(动态面板)"。

Step2 选中焦点图动态面板,设置高度为 200 像素。

Step3 在"大纲"面板中选择 tu 面板,双击"状态 1"的图片,进入图片编辑面板,将图片尺寸设置为 375 像素×200 像素,然后更换图片,如图 7-65 所示。

Step4 按照 Step3 的方法更换"状态 2"和"状态 3"的图片,返回首页,此时焦点图效果如图 7-66 所示。

Step5 单击右上角的 ▶(预览)按钮(或按 F5 键),在浏览器中预览交互效果。

(3)实现页面跳转效果。

对于首页中没有特殊状态的跳转链接,均可以用为"图像热区"元件设置跳转链接的方法实现,需要注意的是,界面中可点击的区域要不小于 44 像素。

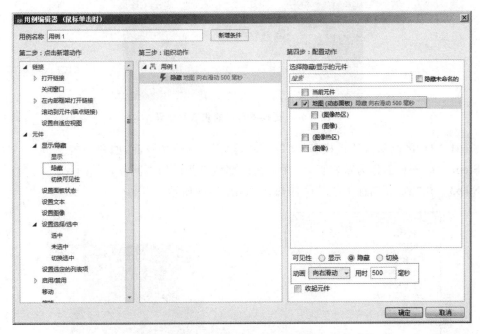

图 7-62 设置"确定"按钮用例

图 7-63 焦点图切换效果

图 7-64 调整"地图(动态面板)"顺序

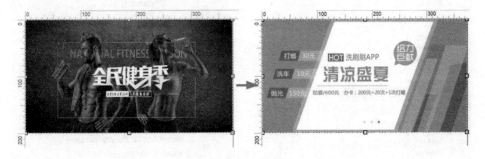

图 7-65 更换图片

图 7-66　更换图片后的焦点图效果

Step1　打开"高保真原型模板"文件，在"首页"下新建子页面，如图 7-67 所示。

Step2　以子页面作为跳转页面，在页面内部填充相应的页面或替代图片。

Step3　在"消息"图标上创建图像热区，如图 7-68 所示。

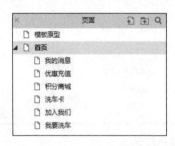

图 7-67　新建子页面　　　　　　**图 7-68　在"消息"图标上图像热区**

Step4　在右侧的"属性"面板中双击"鼠标单击时"，打开"用例编辑器"对话框，设置"打开链接"为"我的消息"页面，如图 7-69 所示，单击"确定"按钮，完成设置。

图 7-69　设置"打开链接"为"我的消息"页面

Step5　双击"我的消息"页面,在返回图标上创建图像热区,如图 7-70 所示。

图 7-70　在返回图标上创建图像热区

Step6　双击"鼠标单击时",打开"用例编辑器"对话框,设置"打开链接"为"返回前一页",如图 7-71 所示。

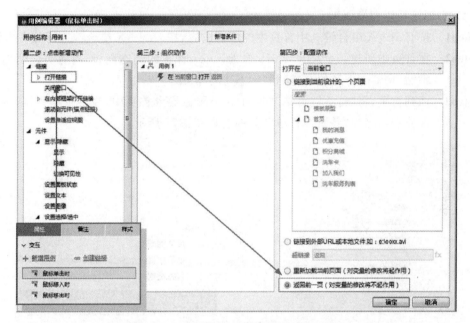

图 7-71　设置"打开链接"为"返回前一页"

Step7　按照 Step3～Step6 的方法,分别为"优惠充值""积分商城""洗车卡"和"加入我们"设置"返回前一页"转到的相应页面和返回前一页动作。

Step8　在图 7-72 所示的位置添加"点击洗车"按钮。

图 7-72　添加"点击洗车"按钮

Step9　选中"点击洗车"按钮,在"属性"面板中单击"鼠标按键按下时",在弹出的"交互样式"面板中设置图像样式,如图 7-73 所示。

Step10　为"点击洗车"按钮添加跳转链接。

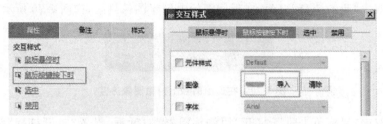

图 7-73　设置鼠标按键按下时的图像样式

（4）实现标签栏切换效果。

Step1　按 Ctrl＋A 组合键选中首页中的所有内容，按 Ctrl＋X 组合键执行剪切操作。

Step2　在首页中新建一个尺寸为 375 像素×647 像素的动态面板，将首页的所有内容粘贴（按 Ctrl＋V 组合键）到"状态 1"中，如图 7-74 所示。

Step3　回到首页，将"首页""订单""我的"3 个图标导入首页中，在检查器中，将 3 个图像分别命名为"首页""订单""我的"，如图 7-75 所示。

图 7-74　新建动态面板

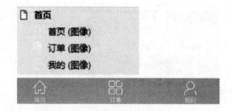

图 7-75　导入图标

Step4　双击检查器，打开"动态面板状态管理"对话框，新增两个状态，并将 3 个状态分别命名为"首页图""订单图""我的图"，如图 7-76 所示。

图 7-76　"动态面板状态管理"对话框

Step5　在"订单图"和"我的图"中填充图片素材。

Step6　选中"首页""订单""我的"3 个图标，在"样式"面板中设置"不透明度"为 50％，如图 7-77 所示。

Step7　在"属性"面板中，设置"选中"时的交互样式，设置"不透明度"为 100％。

图 7-77　设置不透明度

Step8　选中"首页"图标，双击"鼠标单击时"，打开"用例编辑器"对话框。设置新增动作为"选中"，目标为"首页（图像）"，如图 7-78 所示。设置新增动作为"设置面板状态"，设置"选择状态"为"首页图"，如图 7-79 所示。

图 7-78　设置"选中"动作

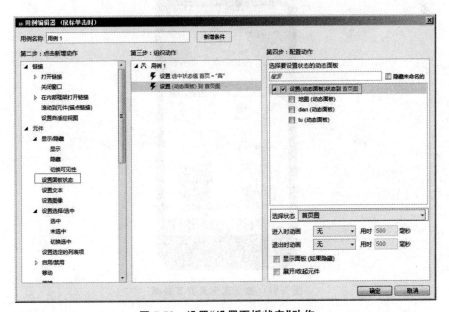

图 7-79　设置"设置面板状态"动作

Step9　按照 Step8 的方法，分别为"订单"和"我的"添加"选中"和"设置面板状态"动作。

Step10　在空白处单击，回到首页。在"页面载入时"的"用例 1"下面添加页面载入时的"选中"动作，如图 7-80 所示。

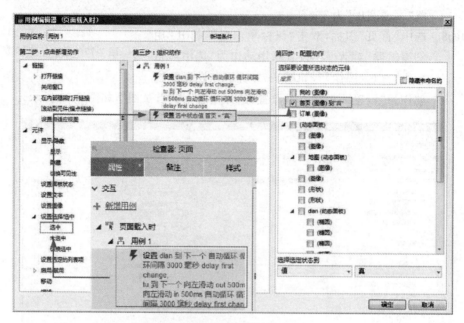

图 7-80　页面载入时的"选中"动作

至此首页的高保真交互效果全部完成，双击"模板原型"页面，按 F5 键预览，效果如图 7-81 所示。

图 7-81　首页高保真交互效果

在图 7-81 所示的首页高保真交互页面中,具备了页面跳转、返回、模态视图滑出、焦点图切换、标签栏切换等交互效果(具体效果可查看本书案例源文件)。

2. 洗刷刷 App"积分商城"页面交互效果分析

"积分商城"页面的交互效果和首页基本类似,差异在于"积分商城"页面较长,只能呈现部分页面,如图 7-82 所示。通常在手机中,对于内容较长的页面可以通过拖动查看页面的其余内容,因此在"积分商城"中,可以为页面添加一个上下滑动的效果。

"积分商城"页面滑动效果的实现非常简单,首先使用动态面板创建一个和手机界面大小一致的可视区域,然后在状态中添加"积分商城"页面效果,最后添加"拖动动态面板"用例即可。"积分商城"页面的结构图如图 7-83 所示。

图 7-82　"积分商城"页面

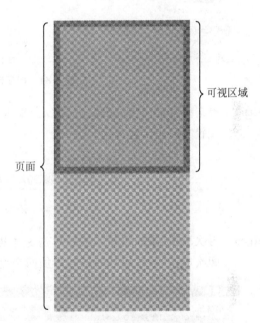

图 7-83　"积分商城"页面的结构图

阶段案例:"积分商城"页面上下滑动效果

接下来,根据前面的案例分析,实现"积分商城"页面的滑动效果,具体步骤如下。

Step1　打开"高保真原型模板"素材,双击"积分商城"进入该页面,剪切(按 Ctrl＋X 组合键)页面中的内容。

Step2　新建一个尺寸为 375 像素×647 像素的动态面板,命名为"屏幕",将 Step1 剪切的内容粘贴到"状态 1"中。

Step3　选中"屏幕"动态面板,在"属性"面板中双击"拖动动态面板时",打开"用例编辑器"对话框,设置动作为"移动",勾选方框标示的内容,设置"移动"为"沿 y 轴拖动",如图 7-84 所示。

图 7-84　配置动作

Step4　单击图 7-84 中的"添加边界",会出现如图 7-85 所示的下拉列表框和文本框。
　　　　设置"顶"小于或等于(≤)0。

图 7-85　添加边界

Step5　再次单击"添加边界",然后单击文本框右侧的 **fx** 按钮,打开"编辑值"对话框,
　　　　两次单击"新增局部变量",添加两个变量,如图 7-86 所示。

图 7-86　新增局部变量

Step6　按如图 7-87 所示设置这两个局部变量的参数。

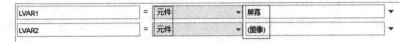

图 7-87　设置局部变量参数

Step7　在"插入变量、属性、函数或运算符"下面的多行文本框中插入公式[[LVAR1.Height－LVAR2.Height]]，其中 LVAR1.Height 表示屏幕宽度，LVAR2.Height 表示图片宽度，如图 7-88 所示。单击"确定"按钮返回"用例编辑器"对话框。

Step8　在"用例编辑器"对话框中，将第二行的符号改为≥（大于或等于），如图 7-89 所示。

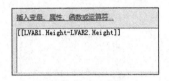

图 7-88　插入公式

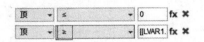

图 7-89　修改符号

至此屏幕拖动效果制作完成，可以在模板原型界面预览所有交互效果。

7.2.6　在真实移动设备中预览高保真原型图

除了使用高保真原型模板进行演示外，还可以通过真实手机演示高保真原型图，让用户获得最真实的体验效果。由于移动设备型号和屏幕尺寸种类较多，因此在使用真实设备预览高保真原型图时，应该计划好原型尺寸。例如，洗刷刷 App 的高保真原型图就是以 iPhone 6/7/8 设备为平台的。

除了匹配移动设备，在进行演示时，还需要登录 Axure 账号（免费注册），通过发布和分享链接的方式在移动设备上预览。

阶段案例：在移动设备上预览洗刷刷 App 高保真原型图

本案例将演示使用移动设备预览洗刷刷 App 高保真原型图，具体操作步骤如下。

Step1　打开"高保真原型模板"文件，删除"模板原型"页面，如图 7-90 所示。

图 7-90　删除"模板原型"页面

Step2　执行"发布"→"生成源文件"菜单命令(或按 F8 键),打开"生成 HTML"对话框,选
择"手机/移动设备"选项,按照图 7-91 所示进行设置。其中主屏幕图标为在手机
界面生成的启动图标,直接导入素材即可。单击"生成"按钮,即可生成预览文件。

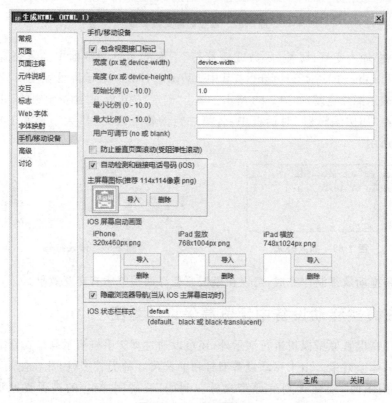

图 7-91　生成预览文件

Step3　在主工具栏中单击发布按钮(或按 F6 键),打开"发布到 AxShare"对话框,可以
选择"创建新项目"或"替换现有原型项目"单选按钮(第一次发布只能创建新项
目),如图 7-92 所示,然后单击"发布"按钮。

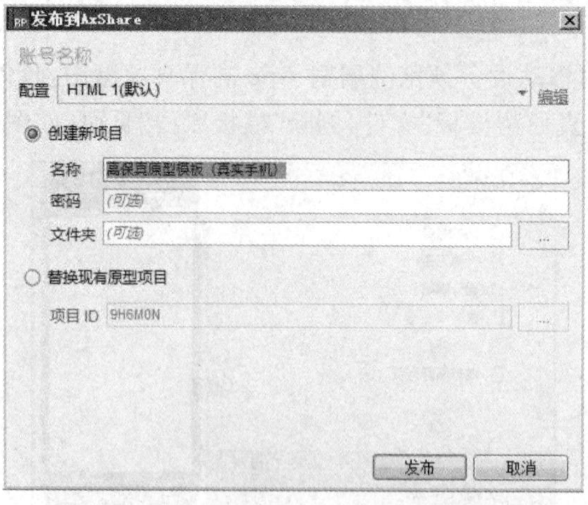

图 7-92　"发布到 AxShare"对话框

Step4 发布成功后，会生成链接，单击 copy 按钮复制链接，如图 7-93 所示。用手机中的 Safari 浏览器打开链接即可。

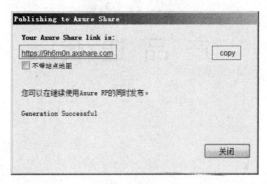

图 7-93 复制链接

Step5 在手机上点击 Safari 浏览器底部的 ⬆ 图标，再选择"添加到主屏幕"，在手机桌面上就会显示之前上传的洗刷刷 App 首页图标，如图 7-94 所示。此时就可以和正常安装的 App 一样，点击该图标浏览高保真原型图。

图 7-94 洗刷刷 App 首页图标

第 8 章
产 品 迭 代

学习目标

- 了解产品迭代的概念。
- 熟悉产品迭代的流程。
- 掌握网页的设计规范,能够设计网页。

当产品进入成熟期后,产品迭代就变得非常重要。定期进行产品迭代,能够让产品领先于市场同类竞品,挖掘新的盈利模式,始终保持产品鲜活的生命力。然而什么是产品迭代?产品迭代流程有哪些?产品经理需要在产品迭代过程中思考哪些问题?本章将对产品迭代的相关知识做具体讲解。

8.1 产品迭代概述

任何产品都会经历产品的初创期、成长期、成熟期和衰退期 4 个阶段,如图 8-1 所示。

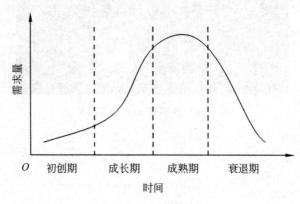

图 8-1 产品周期

产品迭代是保证初创期的快速上线、成长期的高速增长、成熟期的稳定营收和衰退期的创新突破的有效手段。本节将对产品迭代的定义和流程做简要介绍。

8.1.1 什么是产品迭代

产品迭代简单来说就是产品的多次更新换代。在互联网产品设计中,产品迭代可以从两个层面来看,一个是产品自身功能层面的迭代,另一个是产品层面的迭代,具体介绍如下。

1. 功能层面

从功能层面来说,产品迭代就是一定时间内在产品原有版本上对产品功能进行更新,并发布更新版本。

例如,对手机产品进行功能划分,第一阶段(P0)的功能(即核心功能)是打电话和发消息,第二阶段(P1)的功能是看视频、听音乐,第三阶段(P2)的功能是上网、购物,如图 8-2 所示。在产品实现过程中,可以根据产品功能的优先级,先实现核心功能(P0),发布产品;然后再实现产品的第二阶段和第三阶段功能(P1 和 P2),更新产品,这个过程就是产品迭代。

图 8-2　产品功能划分

2. 产品层面

从产品层面来说,产品迭代就是为了形成比同类产品更大的优势而进行的前瞻性转型或升级(这种转型或升级可能是在当前产品的基础上形成一条新的产品线)。由于互联网环境的不确定性,导致互联网产品的需求很难把握,决策层也很难看到可预期的未来。因此,今天的互联网产品不再是一个火箭发射式的过程,而是一个不断探索的过程。通过子产品的不断渗透,找到产品方向,已成为更多公司的选择。产品体系也由原来的 A1→A2→A3,演变为 A1.1、A1.2、A1.3,再根据分析调研演变为 B 产品,如图 8-3 所示。

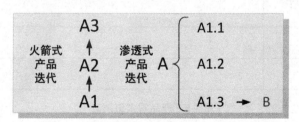

图 8-3　产品迭代示意

在图 8-3 中,产品 A 到 B 的演变让产品选取最优方向的思路有了本质的改变。此时产品迭代的目的就是要让产品做到人无我有、人有我优,避免和别人陷入同等水平的竞争关系。例如,我们的产品和竞争对手的产品虽然是同一款产品,但是我们的服务比竞争对手好;当竞争对手的服务水平上来以后,我们的速度比竞争对手快;当竞争对手的速度上来之后,我们的产品再次升级。这就是产品宏观层面的迭代。

8.1.2　产品迭代流程

无论是功能层面还是产品层面,产品迭代流程都是一定的,包括迭代调研、需求分析与评估、设计与开发、需求测试、产品上线 5 个阶段,具体介绍如下。

1. 迭代调研

迭代调研的目的主要是收集上线产品新的需求。调研的方向主要包括产品的漏洞、用户反馈的问题、同类产品的新功能、市场变动的新方向。产品经理需要将搜集到的产品需求整理到项目需求管理文档中。图 8-4 是一个简单的项目需求管理文档。

模块		
需求背景		
需求描述		
记录人	时间	搜集渠道

图 8-4　一个简单的项目需求管理文档

注意:在迭代调研阶段,不要将不明确的需求记录到项目需求管理文档中。

2. 需求分析与评估

在需求分析阶段,产品经理需要根据产品的迭代周期,确认本次产品迭代的需求,并将需求按照级别排序,一般分为 P0、P1、P2 这 3 级即可。图 8-5 为产品需求级别表。

X-X-X 版本产品需求级别	
P0(高)	
P1(中)	
P2(低)	
记录人:	

图 8-5　产品需求级别表

需要注意的是,需求的形式是多种多样的,在不同的阶段,产品需求的优先级也是不一样的,具体情况要根据产品的生命周期而定。例如,在产品早期应更多关注业务流程的需求,优先保证日常使用流程的稳定和安全。

当通过分析得出需求级别之后,就需要召开技术部门的需求评估会议,对已有的需求从技术角度进行评估。涉及的评估维度可参考开发周期、开发难度、团队技术储备等,最后得出开发成本级别。通常开发成本级别用 D0、D1、D2 表示。图 8-6 为产品开发成本级别表。

X-X-X 版本产品开发成本级别	
D0（高）	
D1（中）	
D2（低）	
评估人：	

图 8-6　产品开发成本级别表

在需求评估会议中,可以摒弃一些开发负担较重、级别较低的需求。至此,产品经理就可以根据产品需求级别表和产品开发成本级别表将已确定的需求填写到需求评估矩阵模型中,如图 8-7 所示。

	D0	D1	D2
P0	1	2	8
P1	3	4	7
P2	5	6	9

图 8-7　需求评估矩阵模型

产品经理可以根据需求评估矩阵模型,撰写包含需求功能和开发成本的产品版本优化申请,交给上级领导确认。

3. 设计与开发

设计与开发是一个至关重要的环节,直接决定本迭代周期内的产品迭代能否成功。在上一个阶段,即需求分析与评估阶段,产品团队已经确定了最终的开发内容,但这并不代表产品迭代进入这个阶段以后,产品经理就无事可做了。作为产品经理,在产品生命周期的每一个阶段都需要保持活跃。而这个阶段产品经理需要做的就是跟进产品的设计、开发进度,以保证产品能够在预定的期限内开发完成,达到可测试水平。

4. 需求测试

在需求测试阶段,开发团队要将本迭代周期内开发完成的需求全部提交测试。需求测试分为两部分:第一部分是产品经理自测整体逻辑,也就是说不需要关注产品细节问题(如界面美观度等),只要产品在整体逻辑上没有问题,此部分测试便可通过;第二部分是提交测试人员进行需求落地的测试,在该阶段产品经理需要跟进测试进度,在测试人员对内容和逻辑有疑问时,产品经理需要及时解答。

5. 产品上线

当需求测试工作全部完成后,即意味着本迭代周期内需要开发的需求已经全部实现,且没有任何问题,这时产品就可以上线了。上线后,产品经理还需要进行一次线上回测,最大限度地确保产品不存在任何问题。如果不幸测试出了在需求测试阶段未能发现的问题,产品经理一定要在第一时间通知技术团队去修复,未能修复的问题也需要告知运营团队,并协助运营团队做好对用户的解释与安抚工作。产品上线标志着一个迭代周期的结束,同时也意味着产品经理需要开始梳理下一个迭代周期的内容。

总的来说,在产品迭代流程中,产品经理的重点工作主要集中在迭代调研和需求分析与评估两个阶段,产品经理需要在这两个阶段对需求进行准确的把握和取舍,找到产品最优的迭代方案。

8.2 网页结构和布局

本节主要介绍网页的结构、布局以及相应的设计规范。

1. 网页结构

虽然网页的表现形式千变万化,但大部分网页的基本结构是相同的。网页的基本结构包含引导栏、标题(header)、导航栏、横幅(banner)、内容区、版权信息这几个模块,如图 8-8 所示。

对图 8-8 所示的网页基本结构具体介绍如下:

(1) 网页宽度一般为 1200～1920 像素,高度可根据内容设定。

(2) 版心指的是网页的有效使用区域,是主要元素以及内容所在的区域。版心宽度一般为 1000～1400 像素。

(3) 引导栏位于网页的顶部,通常用来放置客服电话、帮助中心、注册和登录等信息,高度一般为 35～50 像素。

(4) 标题位于引导栏正下方,主要放置企业标志等内容信息。高度一般为 80～100 像素。导航栏是网站子页面入口的集合区域,相当于网站的菜单。导航栏高度一般为 40～60 像素。目前的流行趋势是将 header 和导航合并放置在一起,高度一般为 85～130 像素。

(5) 横幅是网站中最主要的广告形式。横幅将文字信息图片化,以更直观的方式进行展示,从而提高页面转化率。横幅高度通常为 300～500 像素。

(6) 内容区和版权信息高度不限,可根据信息量进行调整。内容区通过单列布局、两列布局等布局方式将内容合理展示出来。版权信息主要放置一些公司信息或者制作者信息。

2. 网页布局

网页布局就是对网页内容区的布局进行规划,对主次内容进行归纳和区分,通过布局向用户提供良好的浏览阅读线索。产品经理在制作网页产品原型图时,需要对网页进行简单的布局。

下面介绍一些常见的网页布局形式。

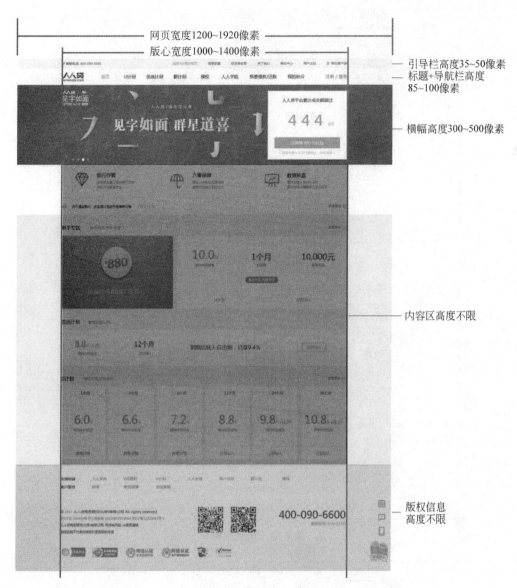

网页宽度1200~1920像素

版心宽度1000~1400像素

引导栏高度35~50像素

标题+导航栏高度85~100像素

横幅高度300~500像素

内容区高度不限

版权信息高度不限

图 8-8　网页基本结构

1）单列布局

单列布局是指内容区不分块的一种布局形式，如图 8-9 所示。单列布局是网页布局的基础，所有复杂的布局形式都是在此基础上演变而来的。这种布局的优点是阅读更流畅、浏览更清晰，缺点是布局呆板。

2）两列布局

两列布局是将内容区划分为左、右两大块，如图 8-10 所示。这种布局的优点是内容丰富、整体性强，并且可以将产品内容信息进行直观的陈列，从而提高产品转化率。

3）三列布局

三列布局是将内容区划分为左、中、右三大块，如图 8-11 所示。三列布局常见于购物类网站。这种布局的优点是页面充实、内容丰富和信息量大，缺点是页面拥挤、不够灵活。

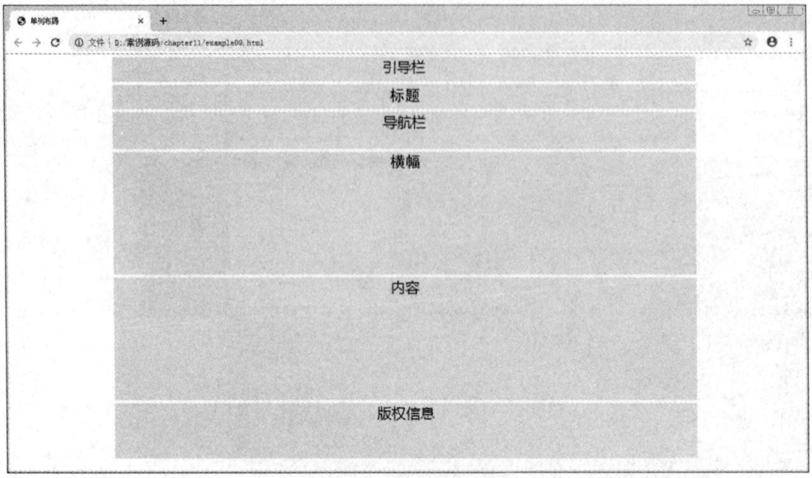

图 8-9　单列布局

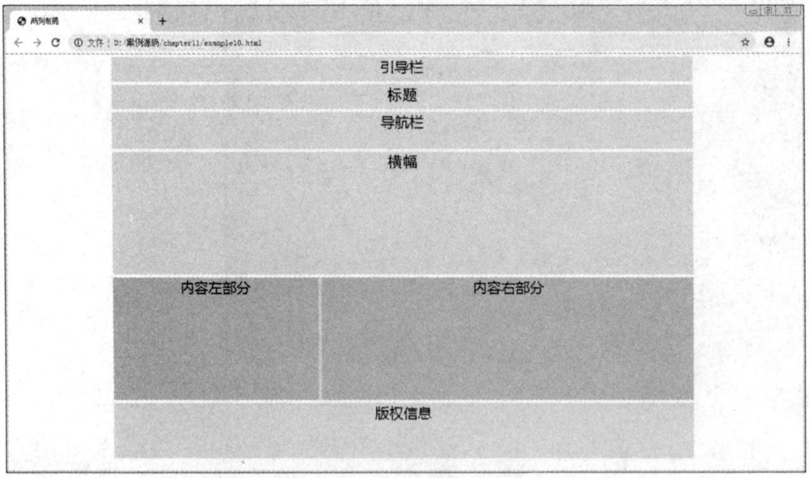

图 8-10　两列布局

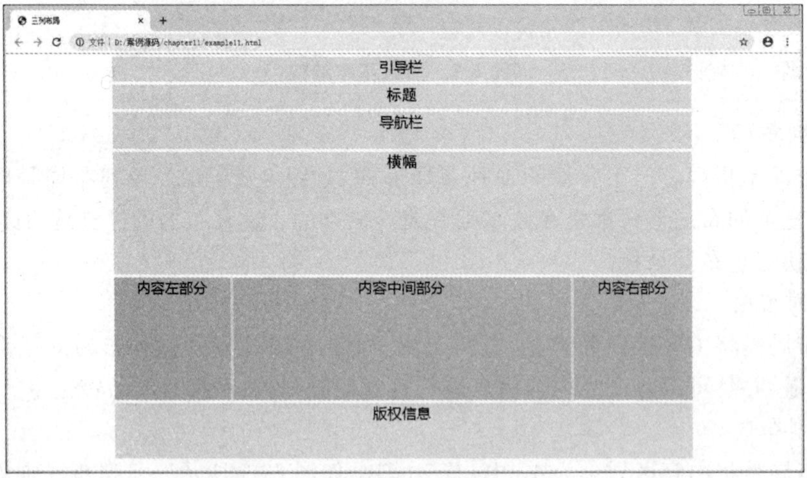

图 8-11　三列布局

4）通栏布局

为了追求版面上的美观，通常将引导栏、标题、导航栏、横幅、版权信息进行通栏设计。这样，无论计算机或移动设备屏幕有多大，这几个区域都能铺满屏幕。图 8-12 就是将页面顶部的引导栏、标题、导航栏、横幅和页面底部的版权信息进行通栏设计后的效果。

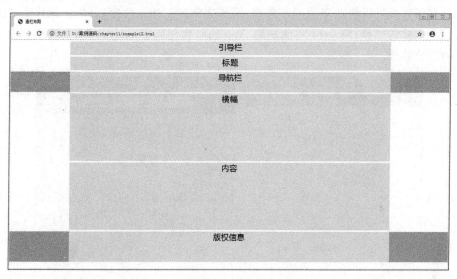

图 8-12　通栏布局

阶段案例：洗刷刷 App 商城首页开发迭代

1. 迭代背景

通过洗刷刷 App 第一阶段的运营，公司已经吸引了一大批用户。根据公司高层的战略规划，决定以洗刷刷 App 的积分商城为基础，以现有用户为依托，开发一个汽车用品类的网上商城。产品迭代调研后生成的项目需求管理文档如图 8-13 所示。

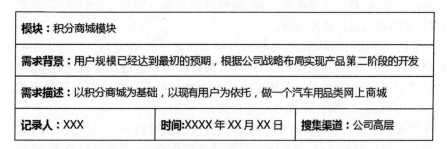

模块：积分商城模块		
需求背景：用户规模已经达到最初的预期，根据公司战略布局实现产品第二阶段的开发		
需求描述：以积分商城为基础，以现有用户为依托，做一个汽车用品类网上商城		
记录人：XXX	时间：XXXX 年 XX 月 XX 日	搜集渠道：公司高层

图 8-13　积分商城模块产品迭代项目需求管理文档

图 8-13 所示的项目需求管理文档只是一个示例。网上商城是较大的项目，要完成网上商城项目的开发，还需要产品经理进行细致的需求规划，如顾客在线注册、购物、提交订单、付款等操作以及产品的添加、删除、查询、订单的管理、操作员的管理、注册用户的管理等后台操作。

2．网页版洗刷刷商城网站首页原型图

下面以洗刷刷商城网站首页原型图为例，介绍产品迭代开发的步骤。

1）案例分析

通过案例分析可以快速理清制作思路，完成案例的制作。洗刷刷 App 积分商城的结构和网站有着本质的差异，图 8-14 为洗刷刷 App 的结构和原型图，图 8-15 为洗刷刷商城首页原型图的部分截图。

图 8-14　洗刷刷 App 积分商城的结构和原型图

通过对比图 8-14 和图 8-15 可以看出，洗刷刷 App 积分商城多出了状态栏和底部的标签栏。在制作网站时，要把这些模块拼弃，按照网站的基本结构——引导栏、标题、导航栏、横幅、内容区和版权信息搭建原型图。

（1）引导栏。在电商网站中，引导栏一般用于放置登录、注册、订单、个人中心等。在制作引导栏模块原型时，可以根据商城的特点，添加一些有特色的功能模块，具体可以参照前面章节产品的实现流程，这里不再赘述。洗刷刷商城根据自身特点可以添加定位、登录、注册、订单、个人中心、洗车 App、帮助中心等功能。

（2）标题和导航栏。洗刷刷商城是以积分商城为基础的一个汽车用品类网上商城，因此在保留积分商城模块的同时，还要增加一些新的模块，如电商常见的抢购、品牌入驻以及专题活动等。

同时，还可以参考其他电商常用的商品分类导航方法，对商品进行细分，如维修保养、车载电器、装饰、汽车美容等。

（3）内容区。在内容区可以根据商品的分类导航展示对应的商品和服务。

（4）版权信息。在电商网站中，版权信息部分一般放置服务、推广等内容，在洗刷刷商

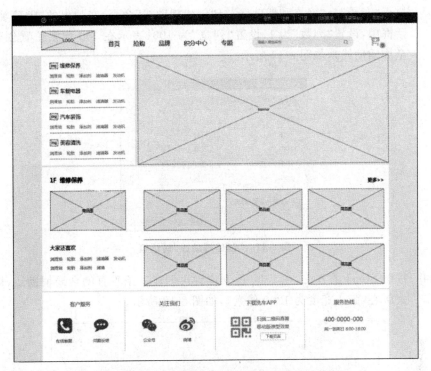

图 8-15 洗刷刷商城网站首页原型图的部分截图

城中主要放置 4 个部分：客户服务、关注我们、下载洗车 App 和服务热线。

2）案例实现

Step1 打开 Axure 软件，将 Home 页面改名为"首页"。

Step2 在元件库中选择"矩形 2"，在页面编辑区创建一个宽度为 1400 像素、高度为 1200 像素的矩形，用于放置网站页面，如图 8-16 所示。

图 8-16 创建放置网站页面的矩形

Step3　执行"布局"→"网格和辅助线"→"创建辅助线"命令,在弹出的"创建辅助线"对话框中,设置"列数"为1,设置"列宽"为100(表示在100像素位置创建垂直的全局辅助线),如图8-17所示。

图 8-17　"创建辅助线"对话框

Step4　按照Step3的方法,在1300像素位置再创建一条垂直的全局辅助线,以确定网页版心(版心宽度为1200像素),如图8-18所示。

图 8-18　确定网页版心

Step5　绘制宽度为1400像素、高度为35像素的矩形色块,作为网页引导栏,并填写文字内容,如图8-19所示。

图 8-19　制作引导栏

Step6　绘制宽度为1400像素、高度为100像素的矩形色块,作为网页标题和导航栏,并填写文字内容,如图8-20所示。

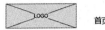

图 8-20　制作标题和导航栏

Step7　绘制宽度为 325 像素、高度为 365 像素的矩形色块，作为商品类目导航。制作一个宽度为 865 像素、高度为 365 像素的占位符，作为横幅。将它们放在一个区域，如图 8-21 所示。

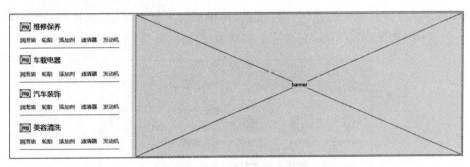

图 8-21　商品类目导航和横幅

Step8　绘制宽度为 1200 像素、高度为 420 像素的矩形色块，作为商品内容展示部分。具体样式如图 8-22 所示。由于商品内容展示结构基本一致，所以可以复制几个"商品图"元件，和商品类目导航相对应。

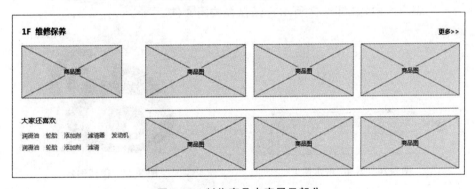

图 8-22　制作商品内容展示部分

Step9　绘制宽度为 1200 像素、高度为 228 像素的矩形色块，作为底部版权信息部分，划分为 4 个区域，并填写文字内容，如图 8-23 所示。

客户服务	关注我们	下载洗车App	服务热线

图 8-23　底部版权

Step10　在"Icons 元件库"中找到如图 8-24 所示的图标，拖曳到页面编辑区中，在右侧的"样式"面板中设置"不透明度"为 40%，并输入文字说明。

图 8-24   图标元件

Step11   单击库面板中的 ≡（选项）按钮，在弹出的下拉菜单中，选择"创建元件库"命令，如图 8-25 所示，创建一个名称为"微博图标"的元件库。

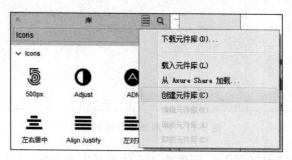

图 8-25   创建元件库

Step12   双击图 8-26 中的"新元件 1"，打开页面编辑区，将素材 weibo.png 拖曳到页面编辑区中，如图 8-27 所示。保存并关闭文件。

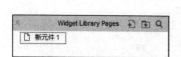

图 8-26   双击"新元件 1"

图 8-27   微博图标

Step13   单击库面板中的 ≡（选项）按钮，在弹出的下拉菜单中，选择"刷新元件库"命令，如图 8-28 所示，就可以显示创建的微博图标元件。

Step14   将微博图标元件拖曳到页面编辑区中，调整大小，并在右侧的"样式"面板中设置"不透明度"为 40％，并输入文字说明，最终效果如图 8-29 所示。

图 8-28   刷新元件库

图 8-29   微博图标元件

Step15　添加其他版权信息，完成版权信息模块的制作，如图 8-30 所示。

图 8-30　版权信息模块

图书资源支持

感谢您一直以来对清华版图书的支持和爱护。为了配合本书的使用,本书提供配套的资源,有需求的读者请扫描下方的"书圈"微信公众号二维码,在图书专区下载,也可以拨打电话或发送电子邮件咨询。

如果您在使用本书的过程中遇到了什么问题,或者有相关图书出版计划,也请您发邮件告诉我们,以便我们更好地为您服务。

我们的联系方式:

地　　址:北京市海淀区双清路学研大厦 A 座 701

邮　　编:100084

电　　话:010-62770175-4608

资源下载:http://www.tup.com.cn

客服邮箱:tupjsj@vip.163.com

QQ:2301891038(请写明您的单位和姓名)

用微信扫一扫右边的二维码,即可关注清华大学出版社公众号"书圈"。

资源下载、样书申请

书圈

扫一扫,获取最新目录